DER SPIELFAKTOR

Arne Gillert

DER SPIEL-FAKTOR

Warum wir besser ~~arbeiten~~, wenn wir spielen

HEYNE ‹

Verlagsgruppe Random House FSC-DEU-0100
Das für dieses Buch verwendete FSC-zertifizierte Papier Zanto liefert M-Real.

Copyright © 2011 by Wilhelm Heyne Verlag, München,
in der Verlagsgruppe Random House GmbH
http://www.heyne.de

Umschlaggestaltung: Büro Überland, München
Fotos im Innenteil: © Juul Hondius, Amsterdam
Herstellung: Helga Schörnig
Gestaltung und Satz: Andrea Mogwitz, München
Lithos: Helio Repro GmbH, München
Druck und Bindung: Bercker Graphischer Betrieb GmbH & Co. KG, Kevelaer
Printed in Germany 2011

ISBN 978-3-453-18270-7

Inhalt

Die Suche nach einer neuen Perspektive – Durch Spielen zum Handeln – Was Spielen eigentlich ist und wie es funktioniert

oder nur unzureichende Maßnahmen folgen. Das aufzeigt, inwiefern
Spielen eine neue Perspektive bietet, damit sich die Menschen künftig
nicht mehr durch zu viel Planung vom Handeln abhalten lassen

Mut zu Fehlern – Mehr Praxis statt graue Theorie – Fünf Hürden, durch
die wir beim Planen bleiben – Man könnte auch einfach anfangen

Liebe Leserinnen und Leser,

in diesem Buch geht es darum, überkommene Muster aufzubrechen und Arbeit neu zu denken. Es handelt davon, welche erstaunlichen Dinge möglich sind, wenn Sie Arbeit durch Spiel ersetzen. Denn Spielen ist eine Perspektive, mit der sich alles ändern kann. Spielen ist keine Aktivität, es ist eine Haltung, eine Brille, durch die man die Welt betrachten kann. Es ist nicht die Tischtennisplatte im Büro, die in der Mittagspause zwar Spaß macht, aber ansonsten vor allem betont, dass Arbeiten Arbeit ist, und Spielen Spiel. Sondern es ist die offene und elektrisierende Haltung, die jeder kennt, wenn er sich an diese leichten, erfüllten Momente des völligen Aufgehens im Spiel erinnert. Und genau dieses Gefühl lässt sich auch auf die Arbeit übertragen.

Wenn Sie aus einer Welt kommen, in der immerzu alles gemanagt und geregelt werden muss, dann könnte dieses Buch zunächst frustrierend für Sie sein. Sie werden zwischen diesen Buchdeckeln vergeblich nach empirischen Ergebnissen oder irgendwelchen Studien Ausschau halten, die glaubhaft und zweifelsfrei belegen, dass die hier vorgestellten Ideen auch wirklich, hundertprozentig, funktionieren. Diese Erwartungshaltung, dieses »Ich muss mir erst ganz sicher sein«, ist das Gegenteil von Spielen. Wenn Sie alle Unsicherheit vermeiden wollen, wird nie etwas Neues entstehen können, denn neue Dinge sind per definitionem unbekannt – und damit immer auch unsicher. Wenn Sie sich dagegen einlassen auf die hier beschriebenen Beispiele und die Signale, dass es einen Weg gibt, mit dem wir aus dem Gefängnis unserer heutigen Logik ausbrechen und ungeahnte Ergebnisse erzielen können, dann haben Sie im Grunde schon angefangen zu spielen.

Die Einladung an Sie, sich einzulassen auf das Neue, steht bei diesem Buch gleich am Anfang – denn es beginnt nicht mit der Theorie, sondern mit der Praxis. Anhand des gewählten Fallbeispiels ist anschaulich zu verfolgen, wie sich durch Spielen relativ schnell völlig neue, unerwartete und vor allem unerwartet gute Resultate erzielen lassen. Dabei kann es um die eigene Arbeitszufriedenheit gehen, um Qualitätsverbesserungen oder auch Produktivitätssteigerungen. Voraussetzung dafür ist nicht nur Neugier, sondern auch die Bereitschaft anzuerkennen, dass viele aktuelle Fragestellungen in den Unternehmen von heute andere Antworten brauchen als bisher. Antworten, die sich Ihnen erschließen werden, wenn Sie sich trauen, einfach einmal die Spielbrille aufzusetzen, und bereit sind, Ihre Arbeitsabläufe mit anderen Augen zu betrachten.

Was diese ominöse Spielbrille nun genau ausmacht, beschreibt dieses Buch in sechs Faktoren. Es handelt sich dabei um die sechs Basisperspektiven des Spielens – und jede einzelne davon steht heute weit verbreiteten Grundannahmen über das Arbeitsleben diametral gegenüber. Das Einnehmen dieser Perspektiven ist der Anfang des Spielens – und damit der Anfang von Veränderungen, die wirklich wirken. Und zwar nachhaltig.

Doch Vorsicht: Der Spielfaktor ist kein Patentrezept. Er ist auch keine konkrete Anleitung mit exakt zu befolgenden Arbeitsschritten und ebenso wenig ist er eine Garantie auf Erfolg und immerwährende Arbeitszufriedenheit, wenn Sie nur so genau wie möglich alles befolgen, was hier geschrieben steht. Aber das gilt eigentlich für jedes Buch: Es kann nie mehr sein als die Anregung an den Leser, sich Gedanken zu machen. Andere Gedanken. Neue Gedanken.

Wenn Sie zum Beispiel Windsurfen lernen wollen, dann kann Ihnen ein Arbeitsbuch über das Windsurfen durchaus behilflich sein, um das Grundprinzip dieser Sportart zu verstehen. Im besten Fall schlägt Ihnen das Buch auch noch ein paar Übungen vor, die Sie nachmachen können. Aber um tatsächlich zu lernen, wie Sie auf diesem schmalen Brett elegant über die Wellen hinweggleiten, werden Sie nicht darum herumkommen, nass zu werden. Auszuprobieren. Unzählige Male vom Surfbrett zu fallen. Um schließlich Ihre ganz eigene Kunst des Windsurfens zu entwickeln.

Dieses Buch will Ihnen vermitteln, dass Spielen eine naheliegende und produktive Perspektive ist, um Herausforderungen und Schwierigkeiten in der heutigen Arbeitswelt zu überdenken und anders damit umzugehen als bisher. Es will Sie mit der Spielperspektive vertraut machen. Sie spüren lassen, wie viel Spaß Sie haben können, wenn Sie erst mal anfangen auf der Arbeit zu spielen, und wie viel Erfolg. Und es will Sie dazu verführen, auf das metaphorische Surfbrett zu springen und nass zu werden.

Dazu bedarf es keiner weiteren Vorrede mehr.

Arne Gillert, im Juni 2011

Prolog

Stellen Sie sich einmal vor, Sie wären Manager. Bei den Niederländischen Eisenbahnen. Und Sie stünden vor einer unmöglichen Herausforderung ...

Wir schreiben das Jahr 2003, es ist Spätsommer. Wie in Deutschland hat auch die Bahn in den Niederlanden mit technischen Defekten, schneebedingten Zugausfällen, Stürmen und sonstigen widrigen Wetterbedingungen, damit verbundenen Verspätungen und obendrein mit der oft ungeschickten oder fehlenden Kommunikation im Hinblick auf diese Vorfälle zu kämpfen. Nach einigen anstrengenden Jahren mit viel Unruhe im Unternehmen ist die Pünktlichkeit auf einem historischen Tiefpunkt angekommen. Nur noch rund 83 Prozent der Züge kommen inzwischen zum vorgesehenen Zeitpunkt an, und das Verhältnis der Kunden zur nationalen Eisenbahngesellschaft lässt sich wohl am ehesten als gespalten beschreiben. Auch wirtschaftlich herrschen schwierige Zeiten. Als privatwirtschaftlich organisiertes Unternehmen in Staatsbesitz haben die Niederländischen Eisenbahnen keine Möglichkeit, die Preise frei zu gestalten, und die Regierung hat im Einvernehmen mit den Konsumentenorganisationen beschlossen, eine Preisanpassung an die Inflationsrate erst dann vorzunehmen, wenn die Pünktlichkeit und damit die Leistung wieder stimmt. In Zahlen ausgedrückt heißt das: eine Steigerung auf 84,4 Prozent im Jahresdurchschnitt bis zum festgelegten Stichtag am 1. Juli des darauffolgenden Jahres.

Um das Pünktlichkeitsziel von 84,4 % im Jahresdurchschnitt zu erreichen, benötigen Sie eine Steigerung, die es noch nie gab!

Das heißt, dass jeder Tag, an dem Sie als verantwortlicher Manager bei den Niederländischen Eisenbahnen nichts unternehmen, ein weiterer Tag ist, der den Durchschnitt negativ beeinflusst. Denn wir haben bereits Ende September, und der eingeforderte Wert wird vom 1. Juli 2003 bis zum 1. Juli 2004 ermittelt. Damit sind bereits fast drei Monate verstrichen, in denen nichts passiert ist, und der Einnahmeverlust durch den weiteren Aufschub der seit Jahren überfälligen Preisanpassung beläuft sich mittlerweile auf über mehrere Millionen Euro. Die Zeit drängt also.

Als alteingesessener Manager, der mit den Gepflogenheiten der Branche bestens vertraut ist, können Sie nun natürlich den traditionellen Weg beschreiten. Den Weg, der in den meisten Unternehmen, die sich mit solch einer Fragestellung auseinandersetzen müssen, eingeschlagen wird.

Sie lassen also erst einmal eine Analyse machen und versuchen herauszufinden, warum so viele Züge nicht pünktlich ankommen. Schließlich wollen Sie nicht in blinden Aktionismus verfallen, sondern die Probleme gezielt angehen, und dazu müssen Sie diese erst einmal genau kennen. Das Ergebnis der Analyse, das nach einigen Wochen vorliegt, listet in eindrucksvollen Details die unterschiedlichsten Gründe für die vielen Verspätungen auf. Sie ziehen daraus Ihre Schlussfolgerungen und diskutieren diese anschließend mit dem Vorstand, der auf einige Nachbesserungen besteht. Da alle Beteiligten wissen, dass ihnen die Zeit davonzulaufen droht, handeln sie ungewohnt schnell, und so können Sie drei Monate nach dem Startschuss endlich den Abschlussbericht der Pünktlichkeitsanalyse vorlegen.

Sie sind froh, denn endlich können Sie zur Tat schreiten und die vorgeschlagenen Maßnahmen implementieren. Sie laden also die verantwortlichen Manager zu einer oder mehreren Präsentationen ein, teilen ihnen die Ergebnisse des Projektberichts mit und entlassen sie aus der Sitzung mit dem Auftrag, die dringendsten Probleme sofort anzugehen.

Höhere Pünktlichkeit durch möglichst genaue Vorgaben, strikte Anweisungen und wenig Freiräume – die etablierte Methode zum Erfolg?

Da die Analyse unter anderem ergeben hat, dass vor allem die vielen kleinen Verspätungen von nur wenigen Sekunden oder Minuten einen großen Anteil am Gesamtwert haben, arbeiten die Manager neue Arbeitsanweisungen für die Lokomotivführer und Schaffner aus. Darin wird den beiden Gruppen – in der Hoffnung auf eine möglichst geringe Fehlerquote – bis ins Detail vorgeschrieben, wie sie ihre Arbeit zu erledigen haben, um all die leicht vermeidbaren Verspätungen zu verhindern. So sollen sie sich künftig etwa nicht mehr kurz vor der Abfahrt noch schnell einen Kaffee am Kiosk holen und auch nicht mehr auf die Reisenden warten, die in letzter Minute auf den Bahnsteig rennen, und sich nicht mehr zwischen zwei Einsätzen mit ihren Kollegen unterhalten, sondern die offiziellen Pausen für Gespräche nutzen. Zwischendurch werden immer mal wieder sorgsam vorbereitete Sitzungen mit den

Schaffnern und Lokomotivführern einberaumt, in denen das Zahlenmaterial diskutiert wird.

Die Zeit geht ins Land, irgendwann ist es Februar, und es werden erst einmal Besprechungen mit Schaffnern und Lokomotivführern anberaumt, die eine wesentliche Rolle beim Erreichen der Unternehmensziele in Sachen Pünktlichkeit spielen. Die Sitzungen werden detailliert vorbereitet, man trainiert noch die verantwortlichen Teammanager, damit diese ihren Schaffnern erzählen, dass sie doch bitte schön ihre Arbeit noch genauer und besser machen sollen. Bis zum Stichtag sind es nur noch vier Monate, und bisher ist die Zahl der Züge, die aufgrund der eingeleiteten Maßnahmen pünktlicher angekommen sind als vorher, verschwindend gering.

Ihnen als verantwortlichem Manager für die Umsetzung dieser Maßnahmen könnte man nicht mal einen Vorwurf machen, immerhin gibt es für jede einzelne der von Ihnen eingeleiteten Maßnahmen gute Gründe – und stützende Zahlen. Außerdem haben Sie gehandelt, wie es zahllose Manager in zahllosen Unternehmen tagtäglich tun. Weil sie es schon immer so gemacht haben und diese Maßnahmen etabliert sind.

Es ginge auch anders.

Nämlich so, wie es bei den Niederländischen Eisenbahnen im Frühjahr 2004 tatsächlich vonstattenging. Das Problem mit der Pünktlichkeit und der möglichen Einnahmesteigerung durch die längst hinfällige Anpassung der Preise war nach insgesamt knapp sechs Monaten also immer noch nicht gelöst, da sich niemand in der ersten Instanz die Finger daran hatte verbrennen wollen. Doch dann fanden ein paar Menschen, dass man etwas probieren sollte, und luden ein paar Mitdenker ein mit der Idee:

»Wir haben weder Zeit für ausufernde Analysen noch für langwierige Besprechungen. Eigentlich wissen wir auch, was der Kern des Problems ist: die paar Sekunden oder Minuten Verspätung, die man ohne große technische Eingriffe reduzieren kann. Die Menschen, die uns diese Zeit liefern, sind die Schaffner und Lokomotivführer vor Ort. Sie müssen wir dazu bringen, engagiert und kreativ an dem Problem mitzuarbeiten, anstatt ihnen immer mehr Vorgaben zu machen.«

Nach einem produktiven Treffen mit dem eingeladenen Team von Querdenkern aus allen Unternehmensteilen entstand das Projekt mit dem programmatischen Namen »Keine Zeit zu verlieren«. An die Stelle von noch mehr Analyse trat ein Spiel, bei dem die Teilnehmer für gesteigerte Pünktlichkeit Punkte auf einem Konto sammeln konnten. Damit waren genügend Anreiz und Spaß vorhanden, und so bildeten sich 13 Teams von Schaffnern und Lokomotivführern, die sich fortan »Zeitsparer« nannten. Alle Teams waren eingeladen, jeweils eine Zugverbindung zu adoptieren, für die sie von nun an verantwortlich waren. Ihre Aufgabe: dafür zu sorgen, dass auf der Linie die Pünktlichkeit stieg. Und zwar kräftig!

Denn es war inzwischen bereits Februar, und den Teams blieb nicht mal mehr ein halbes Jahr. Dadurch waren aus den 1,4 Prozentpunkten, um welche die Pünktlichkeit gesteigert werden sollte, inzwischen 2,8 Prozent geworden – schließlich musste das erste Halbjahr kompensiert werden. Die wichtigste Botschaft von den Verantwortlichen an die Teams lautete: Plant nicht zu viel, sondern probiert vor allem aus. Auch die verrücktesten Ideen sind willkommen. Egal, was ihr machen wollt, im Prinzip lautet unsere Antwort immer »Ja«, und wir werden euch unterstützen, indem wir die bestehenden bürokratischen Hürden abschaffen.

Die Teams waren erst skeptisch, dann hochmotiviert. Vor allem, als es darum ging, Dinge auszuprobieren, von denen man schon immer fand, dass sie anders sein müssten.

Ein Team schraubte die Klappstühle in den Eingangsbereichen der Züge heraus, um mehr Platz zu schaffen und so die Zeit für das Ein- und Aussteigen zu verkürzen. Während des Versuchs standen Teammitglieder auf den Bahnsteigen und stoppten sekundengenau den Zeitgewinn gegenüber der bisherigen Situation. Schnell fanden sie heraus, dass diese Maßnahme nicht wie erhofft wertvolle Minuten, sondern nur ein paar Sekunden brachte und gleichzeitig den Reisenden im Berufsverkehr wichtige Sitzplätze wegnahm. Durch den Freiraum, erst die eigenen Ideen auszuprobieren, entstand die Bereitschaft, auch an ganz andere Dinge zu denken.

Ein Zugführer hatte die Idee, mehr Platz zum Aussteigen zu schaffen, indem er erst langsam in den Bahnhof einfuhr, um dann, sobald sich dort, wo die Reisenden die Türen vermuteten, Menschentrauben auf dem Bahnsteig gebildet hatten, einfach noch 20 Meter weiterzufahren. Man kann von der Idee halten, was man will – sie brachte tatsächlich einen Zeitgewinn, und der Lokführer gewann damit den Preis für die absurdeste Idee, die trotzdem einen Beitrag zum Gesamtergebnis leistete.

Allwöchentlich wurde eine Übersicht mit dem neuesten Punkte-stand erstellt und an alle Teilnehmer geschickt, die bereits gespannt darauf warteten. Wie weit war das gemeinsame Sparguthaben gewachsen? Wie ging es bei den einzelnen Teams voran? Wer hatte die Nase vorn? Und bei den monatlich stattfindenden, gemeinsam vorbereiteten Treffen tausch-ten sich die Teilnehmer aus, diskutierten weitere Ideen und bereiteten neue Maßnahmen vor. Die Bereitschaft, mehr zu tun als bloß Dienst nach

Vorschrift, war bei allen Beteiligten sehr hoch, und das Projekt entwickelte dank des Wettkampfcharakters plötzlich eine riesige Eigendynamik. Die Schaffner und Lokführer engagierten sich nicht, weil das Management es ihnen vorgab, sondern weil sie selbst zu der Schlussfolgerung kamen, dass Pünktlichkeit ein Teil ihrer Berufsehre war. Und weil es auf einmal Spaß machte, pünktlich in den Zielbahnhof einzufahren.

So geschah, was niemand für möglich gehalten hatte: Bereits im Mai 2004 hatten die Teams die Schallmauer von 84,4 Prozent durchbrochen. Sie hatten damit eine der eindrucksvollsten Pünktlichkeitssteigerungen in der Geschichte der Niederländischen Eisenbahnen hingelegt. Und ganz nebenbei hatten sie für ihr Unternehmen mehrere Millionen Euro an dringend benötigten Einkünften sichergestellt. Und das allein dadurch, dass sie ihre Arbeit zum Spiel gemacht hatten.

I
Die
Grundlagen

1 Arbeiten – was hat das denn bitte mit Spielen zu tun?

Bei den Niederländischen Eisenbahnen gab es zwei Optionen.
Die eine Option hatten die Beteiligten schon Hunderte Male ausprobiert: den sicheren Weg, bei dem die Entscheider meinen, die Ereignisse zu steuern und so die größtmögliche Kontrolle zu behalten. Ihn noch einmal zu beschreiten würde vermutlich nicht zu dem gewünschten Resultat führen, aber die Verantwortlichen hatten sich zumindest so weit abgesichert, dass ihnen hinterher niemand etwas würde vorwerfen können.

Die andere dagegen war neu: der ungewisse Weg des Experimentierens und des Risikos, aber auch der Weg von Fröhlichkeit und Spaß. Dieser Weg forderte allen Beteiligten einiges ab, an Mut, an Bereitschaft, sich auf etwas Neues einzulassen, die Dinge einfach mal laufen zu lassen, an Vertrauen. Aber er führte am Ende zu ebenso überraschenden wie erfolgreichen Resultaten, und zwar in Größenordnungen, die bis dahin unerreicht waren. Ich nenne diese Option Spielen.

Dieses Buch handelt von der zweiten Option. Davon, dass es auch anders geht. Davon, dass ausgetretene Wege nicht immer die besten sind, sondern sich oft genug als Irrwege oder Sackgassen erweisen. Dass mehr Kontrolle nicht automatisch zu mehr Erfolg führt. Indem man sich traut, auch in der Arbeitswelt spielerisch an schwierige Themen heranzugehen, steht eine ganze Reihe von hartnäckigen Fragestellungen urplötzlich in einem völlig anderen Licht da – und kann damit endlich dauerhaft gelöst werden. Diese Methode funktioniert vor allem deshalb so gut, weil spielerisches Denken viele althergebrachte und überholte Glaubenssätze auf den Kopf stellt. Wenn man Arbeit zum Spiel macht, entstehen neue Möglichkeiten. Und davon haben am Ende alle etwas.

Das Handeln von Menschen macht den Unterschied

Unsere heutige Arbeitswelt ist so schnell und so komplex geworden, dass viele Unternehmen, Behörden, Teams und Einzelpersonen in der Arbeitswelt mit denselben oder sehr ähnlichen Problemen ringen. Und gleichzeitig gibt es genug Anzeichen, dass wir mit den meisten der heute üblichen und etablierten Antworten und Strategien im Arbeitskontext nicht wesentlich weiterkommen. Unsere heutzutage am weitesten verbreiteten hierarchischen Organisationsformen (als hierarchische Pyramide) und Denkweisen stammen aus einer Zeit, in der Massenproduktion und Effizienz die wichtigsten Eckpunkte für Firmen und Unternehmen waren. Es war wichtig, Produktionsprozesse so zu gestalten, dass sie immer wieder und in großer Anzahl zu ein und demselben Resultat (Produkt) führten und dass dabei möglichst wenig Ressourcen benötigt wurden. Das klingt alles gar nicht so schlecht – nur reicht es heute leider nicht mehr aus.

Im Folgenden findet sich eine kleine Sammlung von Fragen aus der Wirtschaft, der öffentlichen Verwaltung oder von gemeinnützigen Vereinen, so wie sie unsere Kunden im letzten Jahr formulierten und wie sie auch tagtäglich durch die Presse gehen. Bei genauerer Betrachtung entsteht ein Bild davon, was heute wichtig ist – und das ist ein deutlich komplexeres Bild als noch vor einigen Jahrzehnten.

>> *Wir sind eine kleine Firma. Uns geht es gut, wir wachsen beständig und brauchen daher mehr Manager, die in bestimmten Bereichen die Verantwortung übernehmen. Allerdings soll dies nicht dazu führen, dass unsere Mitarbeiter sich immer weniger verantwortlich fühlen für den Erfolg der ganzen Firma, weil sie diese Verantwortung jetzt an die neuen Manager delegieren.* <<

>> *Wir wollen als Stadtwerke eine neue Richtung einschlagen und uns viel mehr an unserer Aufgabe als Dienstleister für die Bürger orientieren. Dass dies grundsätzlich eine gute Idee ist, darüber sind sich alle Beteiligten einig. Natürlich wollen wir auch die Preise stabil halten, aber das geht nur, wenn wir effizienter arbeiten. An ein paar Stellen werden wir mit weniger Mitarbeitern auskommen müssen, was in den Augen vieler ganz und gar keine gute Idee ist. Wie bringen wir diese beiden Seiten unserer Entwicklung zusammen, und worin liegt dabei unsere Hauptverantwortung als Mitglieder der Führungsebene?* <<

>> *In unserem Unternehmen arbeiten wir an verschiedenen Standorten in der ganzen Welt. Insgesamt stehen wir ganz gut da, allerdings haben viele unserer Mitarbeiter in den jeweiligen Dependancen vorwiegend das eigene Team im Blick. Wenn wir unsere Unternehmensergebnisse dauerhaft halten*

oder gar steigern wollen, müssen unsere Firmenangehörigen viel enger und effektiver zusammenarbeiten, und zwar über Team-, Abteilungs- und Standortgrenzen hinweg. Wie bekommen wir das hin? **‹‹**

›› Als Finanzdienstleister müssen wir umdenken. Jahrelang haben wir immer aufwendigere und intelligentere Finanzprodukte entwickelt, dabei aber irgendwie unsere Kunden aus dem Auge verloren. Die jedoch wollen oft gar nicht so viel Komplexität. Wie schaffen wir es, dass die Führungsebene in unserem Unternehmen im Arbeitsalltag vorlebt, dass Kunden und Mitarbeiter ganz oben auf der Prioritätenliste stehen? **‹‹**

›› Unser Umsatz leidet seit einiger Zeit, wir verkaufen einfach nicht mehr genug. Wir haben bereits diverse Marketingkampagnen ausprobiert, die alle nicht zum gewünschten Erfolg geführt haben. Nun soll sich grundlegend etwas verändern. Was können wir tun, damit unsere Vertreter neue Ansätze entwickeln und wirklich herausfinden, was unsere Kunden wollen? **‹‹**

›› Ich arbeite wirklich gerne in dieser Organisation, nur leider reibe ich mich zunehmend auf an der Starrheit des Systems. Ich will ein paar Dinge in Bewegung bringen, aber manchmal kommt es mir so vor, als ob meine Kollegen und die Verantwortlichen auf jeden neuen Vorschlag immer nur mit Ablehnung reagieren.
Wie kann ich mir einige Freiräume erhalten und gleichzeitig das tun, was die Führungsebene von mir will? **‹‹**

›› Unser Markt ist ständig in Bewegung, daher müssen wir oft schnell reagieren und mit neuen Lösungen kommen. In der Planungsphase läuft oft noch alles bestens, denn eigentlich wissen wir genau, was sich alles ändern *muss. Wenn es jedoch an die Umsetzung geht, schaffen wir es oft nur, einen Bruchteil von dem, was wir wissen, auch tatsächlich umzusetzen.* **‹‹**

›› *Ich habe mir diesen Job ausgesucht, weil ich gerne mit Menschen arbeite. Inzwischen ist aber so viel Verwaltungsaufwand hinzugekommen, dass ich mich immer mehr mit Papierkram beschäftige und damit, die einzelnen Schritte meiner Arbeit zu dokumentieren und um Zustimmung für meine Initiativen zu bitten. Für die Menschen bleibt da oft kaum noch Zeit. Wie kann ich daran etwas ändern, ohne die Vorgaben zu missachten?* **‹‹**

Auf den ersten Blick mögen die hier dokumentierten Fragen nicht viel miteinander zu tun haben. Bei den Beispielen geht es mal um Umsatzsteigerung, mal um Innovation, Arbeitszufriedenheit oder Kundenorientierung. Diese Fragen lassen sich, gerade vor dem Hintergrund ihrer Aktualität zum jetzigen Zeitpunkt, auf verschiedene Weisen interpretieren. Als Ausdruck der Globalisierung und der zunehmenden gegenseitigen Verbundenheit von einzelnen Standorten, Abteilungen und Teams. Als Symptom für ein gestiegenes Bedürfnis von Mitarbeitern nach Selbstbestimmung und das zunehmende Streben von Menschen nach eigenen Lebens- und Arbeitsentwürfen. Als Zeichen dafür, dass der anschwellende Informationsfluss mehr Transparenz nötig macht sowie für eine höhere Geschwindigkeit bei den Arbeitsabläufen sorgt und somit den Druck auf die Unternehmen erhöht, ständig innovativ und damit am Puls der Zeit zu sein. Für mich haben sie jedoch alle eines gemeinsam: Der Schlüssel zu ihrer Lösung ist letztendlich das Handeln von Menschen.

Der Umsatz muss gesteigert werden? Wenn ein Unternehmen dies nicht dem Zufall oder der allgemeinen Konjunktur überlassen will, wird es nur dann ist der *Schlüssel* dazu

Wenn ich **etwas** (anderes) will,

das Handeln von Menschen.

Von **mir** und von **anderen.**

mehr verkaufen, sofern die Vertreter die zu vertreibenden Produkte besser am Markt platzieren. Oder wenn die Ingenieure die Produkte optimieren. Oder wenn die Marketingleute sich eine noch bessere, pfiffigere Kampagne einfallen lassen.

Ein Übermaß an Bürokratie in der Organisation sowie die umfangreiche Verwaltungsarbeit rauben den Mitarbeitern die Zeit, sich mit ihren Kernaufgaben zu beschäftigen? Der Einzelne hat selbst in der Hand, inwieweit er sich an die vorgegebenen Regeln hält und kann entscheiden, wie er mit seinen Vorgesetzten umgeht, die sich diese Regeln ausgedacht haben. Verantwortliche Manager können selbst dafür sorgen, dass Mitarbeiter mehr Freiräume haben.

Die Beispiele führen es deutlich vor Augen: Es kann sich nur dann etwas ändern, wenn irgendwo irgendwann irgendjemand etwas anders macht als vorher.

> Wann immer Sie etwas gestalten bzw. verändern und nicht nur Spielball der Umstände sein wollen, kommen Sie nicht darum herum, selbst aktiv zu handeln. Sobald Sie etwas (anderes) wollen, gibt es nur eine Möglichkeit: Jemand muss handeln. Entweder Sie selbst oder wer anderes.

Die gängigsten Methoden der Beeinflussung

Aus dieser Erkenntnis ergibt sich automatisch die nächste Frage, nämlich wie man sich selbst oder andere beeinflussen und dazu bringen kann, etwas anders zu tun als vorher – was oft mit neuem Denken einhergeht.

Indem man mit einer spielerischen Perspektive an die Sache herangeht, lautet die ebenso simple wie überraschende Antwort.

Das Wort »beeinflussen« hat womöglich für manche einen faden Beigeschmack und klingt ein wenig nach Manipulation, Diktatur oder ist moralisch fragwürdig. Ich nutze das Wort in diesem Kontext neutral für den Versuch, die Sichtweisen oder das Handeln eines anderen in eine bestimmte Richtung in Bewegung zu bringen.

Schließlich wollen die meisten Menschen auf andere wirken und damit auch einwirken, und zwar egal, ob es nun darum geht, dass der Vorgesetzte netter mit Ihnen umgeht, dass der Kollege den Computer nicht andauernd ausschaltet oder dass die Untergebenen proaktiver mit den Firmenkunden umgehen. Im neutralen Wortsinn versucht man so gut wie immer, wenn man etwas will, jemand anderen zu beeinflussen. Dadurch, dass man sich beschwert oder meckert. Dadurch, dass man besonders freundlich ist. Dadurch, dass man versucht, andere mit guten Argumenten von den eigenen Ideen oder Plänen zu überzeugen.

Wenn man das mit der Intention tut, den Gegenüber zu manipulieren, also hinter dessen Rücken, und unbewusst für den anderen agieren, dann wird man nicht weit kommen, wenigstens nicht dauerhaft. Denn wer sich einmal manipuliert fühlt, der vertraut dem Manipulator nicht mehr und nimmt ihm dadurch langfristig jede Effektivität.

Es ist absolut menschlich, dass Sie etwas erreichen wollen, und es steht außer Frage, dass Sie dafür auf andere einwirken müssen. Nur sollten Sie dies stets mit offenem Visier und ehrlich tun.

Die Beeinflussung des Handelns von anderen Menschen ist sozusagen der Heilige Gral jedes Entscheiders, jedes Unternehmensführers, letztlich sogar jeder Initiative, egal von wem sie ausgeht. Ob nun eine Organisation ihre Strukturen ändern möchte, ob man neue Unternehmensvisionen entwickelt, ob man neue Regeln aufstellt oder Jobprofile entwirft, oder wenn eine Firma ihre Mitarbeiter zu Trainings und Schulungen schickt – all diese Maßnahmen erfolgen nie zum Selbstzweck, sondern sollen dazu dienen, dass eine Person oder eine Gruppe von Menschen danach anders agiert als vorher.

Die genannten Beispiele sind nur ein kleiner Ausschnitt der heutzutage am weitesten verbreiteten Antworten auf die Frage, wie man Menschen dazu bringen kann, bei ihrer Arbeit etwas Bestimmtes zu tun. All diesen Maßnahmen gemeinsam ist die Tatsache, dass sie, wenn man einmal in Ruhe darüber nachdenkt, entweder erschreckend verstaubt oder lächerlich vereinfachend sind.

Warum sind Strukturveränderungen, Visionen, Jobprofile oder Trainings veraltet oder vereinfachend? Weil die meisten dieser Wege, arbeitende Menschen dazu zu bewegen, dass sie etwas Bestimmtes tun, entweder auf Kontrolle beruhen oder auf Zuckerbrot und Peitsche. Und während das Mittel der Kontrolle inzwischen erschreckend veraltet ist, sind Zuckerbrot und Peitsche lächerlich simplifizierend.

Kontrolle

Projektmanagement, formale Genehmigungsprozesse, neue Organisationsstrukturen – im Endeffekt sind das alles Kontrollinstrumente.

Wenn die Lektorin erst eine Unterschrift vom Verlagsleiter braucht, um eine Reise zu dem von ihr betreuten Autor zu machen, um mit ihm das aktuelle Manuskript zu besprechen, dann will der Verlagsleiter letztlich kontrollieren können, ob es mit rechten Dingen zugeht. Also dass der Autor oder das Projekt wichtig genug ist, um die Fahrtkosten zu rechtfertigen.

Wenn die Führungsriege einer Versicherungsgesellschaft die Organisationsstrukturen ändert, dann will das Gremium Einfluss darauf nehmen, wer in den einzelnen Abteilungen mit wem zusammenarbeitet – aber viel mehr noch, wer an wen berichtet. Was letztlich nichts anderes bedeutet als: wer durch wen kontrolliert wird.

Auch Projektmanagement bedeutet letzten Endes nichts anderes als mehr Kontrolle. Die Richtlinien, wie lange etwas dauern darf (Zeit), wie viel es kosten soll (Geld) und wie gut es sein muss (Qualität), werden im Voraus festgelegt. Dies alles geschieht nur, um danach messen – und damit überwachen – zu können, ob das Projekt auch nach Plan verläuft.

Kontrolle ist nicht per se schlecht oder immer ineffektiv. Wenn eine junge Familie regelmäßig zu viel Geld ausgibt, dann ist es sogar sehr sinnvoll, ein Haushaltsbuch anzuschaffen, alle Ausgaben aufzuschreiben und ein Budget zu machen. Wenn bei einem Waschmittelhersteller die Einführung neuer Produkte immer wieder viel zu lange dauert, dann ist es hilfreich, einen Plan zu erstellen und genau festzulegen, wie viel Zeit die einzelnen Abteilungen wie Marketing, Presse und Vertrieb für welchen Schritt brauchen dürfen.

Kontrolle kann durchaus sinnvoll sein, nur wird sie oft falsch eingesetzt.

Allerdings geben sich viele Menschen allzu häufig der Illusion hin, Dinge würden wie von alleine passieren, weil man sie vorher aufgeschrieben und geplant hat. Kontrolldenken ist letztlich verirrtes Ingenieursdenken, denn es beruht auf der Vorstellung, dass Menschen wie Maschinen funktionieren. Sobald man ausgiebig genug analysiert hat, auf welche Knöpfe man drücken muss, um ein gewünschtes Resultat zu bekommen, kann eigentlich nichts mehr schiefgehen. Etwa so, wie schon jedes Kleinkind weiß: Wenn ich beim Staubsauger auf das Symbol für »Ein« drücke, dann geht das Gerät an. Das mit dem Einschalten funktioniert immer wieder, unabhängig davon, wo der Staubsauger steht, wie das Wetter draußen ist und welche Umstände sonst so herrschen.

Die Adepten des Kontrolldenkens sehen überall Staubsauger. Nur übersehen sie dabei nicht selten, dass sie Menschen vor sich haben und keine Maschinen. Die meisten Leute reagieren empört oder widersetzlich, wenn sie sich wie ein Staubsauger behandelt fühlen. Und machen dann nicht unbedingt das, was ein anderer von ihnen erzwingen will.

Wer schon einmal unter einem kontrollwütigen Management gearbeitet hat, weiß aus eigener Erfahrung, wie demotivierend das ist – und wie leicht man sich all diesen Überwachungsmechanismen auch wieder entziehen kann.

Das Kontrolldenken hat seine Grenzen schon lange erreicht.

Kontrolle funktioniert natürlich auch heute noch, vor allem in relativ übersichtlichen, einfachen, vorhersehbaren, linearen und eindeutigen Situationen, also wenn die Umstände der Funktionsweise eines Staubsaugers ähneln. Wenn alles ganz einfach, stabil, vorhersehbar ist. Nur leider sind heute die meisten Fragestellungen nicht mehr übersichtlich, einfach, vorhersehbar, linear und eindeutig, und genau das fördert das Verstaubte des Kontrolldenkens zutage.

Nehmen wir ruhig noch mal die Beispiele von vorhin:

Der Umsatz muss gesteigert werden? Wenn es so einfach wäre, dass der Vertriebsleiter den Vertretern einfach nur vorschreiben müsste, endlich mal ein bisschen mehr zu verkaufen, dann wäre es sicher schon längst passiert.

Ein Übermaß an Bürokratie in der Organisation sowie die umfangreiche Verwaltungsarbeit rauben den Mitarbeitern die Zeit, sich mit ihren Kernaufgaben zu beschäftigen? Wenn zum Beispiel die Mitarbeiter eines Wohltätigkeitsverbandes nicht mehr dazu kommen, sich auch noch um die Menschen zu kümmern, um die es eigentlich gehen soll, dann ist die Kontrolle derart übertrieben, dass sie dem eigentlichen Zweck des Vereins entgegensteht.

In beiden Fällen gilt: Die Verantwortlichen wissen zwar über alle Abläufe und Aktivitäten ihrer Mitarbeiter genauestens Bescheid und können sichergehen, dass nichts Unerwartetes geschieht, aber ihr Ziel erreicht oder einen wirklichen Nutzen haben sie dadurch nicht.

> **Kontrolle ist nicht mehr effektiv, wenn man die wirklich aktuellen, dringenden Fragen beantworten will, wenn eine andere Art der Handlungsbeeinflussung nötig ist als Befehl und Gehorsam.**

Einer unserer Kunden stand der mehr oder weniger erzwungenen Einführung der ISO-Qualitätsnorm in seiner Firma äußerst kritisch gegenüber. Die ISO-Norm ist ungefähr der Gipfel des Festlegens und Beschreibens von Prozessen, sozusagen das Meisterstück der Kontrolldenker, die davon ausgehen, dass man, wenn man sich nur zu 100 Prozent an die Vorgaben der Norm hielte, perfekte Qualität liefern könnte. Die Idee ist, dass perfekte Qualität, auch bei Dienstleistungen, dann entsteht,

Was passiert, wenn man den Fokus verändert?

wenn man immer alles gleich macht. Es wird vor allem auf die Festlegung der Prozesse und nicht nach Inhalten geschaut. Ob die Firma nun Schwimmwesten aus Beton oder gar nichts mehr herstelle, das sei im Grunde egal, meinte der Kunde dazu nur. Was sagt uns das? Perfekte Kontrolle = Schwimmwesten aus Beton.

Zuckerbrot und Peitsche

In vielen Firmen arbeiten die Entscheider nicht mit Kontrollmechanismen, sondern mit Zuckerbrot und Peitsche. Letztlich ist das jedoch nur eine Variation des Kontrolldenkens, auch wenn sie einen Schritt weiter führt. Während die klassischen Kontrolldenker also meinen, einen Staubsauger vor sich zu haben, meinen die Zuckerbrot-und-Peitsche-Anhänger, sie hätten einen Pawlow'schen Hund vor sich. Jedenfalls behandeln sie ihr Gegenüber in den allermeisten Fällen wie ein Wesen, das nur in begrenztem Maße zu eigenen Abwägungen und Entscheidungen fähig ist und auf den richtigen Stimulus hin stets mit dem gewünschten Verhalten reagieren wird.

Zuckerbrot und Peitsche heißen in Unternehmen in der Regel Bonus, Zielvereinbarung und Beurteilungs- bzw. Mitarbeitergespräch mit Note. Das mag netter klingen, doch spätestens seit der Finanzkrise darf man sich fragen, ob es tatsächlich sinnvoll ist, Menschen an entscheidenden Positionen im Finanzwesen zu Pawlow'schen Hunden zu erziehen, indem man ihnen für das Erreichen von vorher festgelegten, messbaren Zielen eine Belohnung verspricht oder sie dafür bestraft, wenn sie diese Ziele wiederholt nicht erreichen. Es mag deutlich werden, dass dies alles andere als sinnvoll ist.

Bonussysteme sind oft nicht nachhaltig genug!

Das soll jetzt nicht heißen, dass Bonussysteme grundsätzlich nicht funktionieren. Wenn die Vertreter eines Versicherungskonzerns eine Umsatzbeteiligung erhalten, werden sie höchstwahrscheinlich mehr Umsatz generieren als ohne diesen Anreiz. Dieses Prinzip funktioniert gut, solange es nur um die Steigerung des Umsatzes geht und die Vertreter langfristig denken. Das Prinzip hört dann auf zu funktionieren, wenn einer der Vertreter kurzfristig ganz viel Umsatz machen will oder soll. Dann fängt er nämlich an, seinen Kunden Dinge zu versprechen, die das Unternehmen gar nicht halten kann, und verkauft im Endeffekt nutzlose Produkte. Oder er fängt an, hinsichtlich der Zielvorgaben zu schummeln, etwa indem er einen am 1. April geschlossenen Vertrag auf den 31. März und damit vor die Quartalsgrenze bucht. Damit sieht für ihn das erste Quartal gleich viel besser aus, und er behält erst mal seinen Bonus. Allerdings bedeutet das auch, dass er mit einem Rückstand in das zweite Quartal startet. Damit ist er versucht, immer noch einen Schritt weiter zu gehen, und kommt im schlimmsten Fall nicht mehr raus aus dem Teufelskreis. Denn dann bucht er den Umsatz vom August noch auf den Juni, und irgendwann bricht das gesamte System zusammen. Das ist alles keine Theorie, sondern passiert bei Wirtschaftsskandalen immer wieder genau so.

Es gibt inzwischen Hunderte psychologische Experimente, die anschaulich zeigen, dass Belohnungen (egal in welcher Form) dafür sorgen, dass Menschen *weniger* innovativ denken und bei der Lösung von komplexen Fragestellungen *langsamer* werden. Der ungewollte Nebeneffekt von Belohnungen besteht darin, den Fokus der Wahrnehmung einzig und allein auf das vorgegebene Ziel hin zu verengen. Bei Strafen – also der Peitsche – ist diese Verengung der Wahrnehmung und des Denkens noch extremer, weil die Angst, die mit jeder zu befürchtenden Strafe einhergeht, die Gehirnaktivität weiter reduziert. Wenn ein Mensch große Angst hat, ist dies besonders deutlich zu erkennen, denn dann verfällt er automatisch in die archaischen reflexhaften Reaktionen des Flüchtens, Erstarrens oder Kämpfens.

Das Prinzip von Zuckerbrot und Peitsche kann trotzdem funktionieren, etwa wenn es darum geht, genau und nur das zu tun, was vorgegeben ist. Wenn die Aufgabe jedoch nicht ganz eindeutig ist und kreative Lösungen nötig sind, wenn die Mitarbeiter nicht über den ersten, offensichtlichen Weg zum Ziel gelangen, dann funktioniert es leider nicht. Denn dank der Scheuklappen, die einem Zuckerbrot oder Peitsche automatisch aufsetzen, arbeitet man mit einem einengenden Tunnelblick, der im Endeffekt so gut wie immer für schlechte, zu kurz greifende Lösungen sorgt.

Belohnungen haben meist einen ungewollten Nebeneffekt – und damit kehrt sich ihre Wirkung schnell ins Gegenteil um.

Auch im persönlichen Bereich wird schnell ersichtlich, wann Belohnungen funktionieren – und wo sie ihre Grenzen haben. Wenn man seinen Kindern zum Beispiel Belohnungen für gute Schulnoten verspricht, wird das wahrscheinlich eine Zeit lang hervorragend funktionieren. Aber nach einer Weile gewöhnen sich die Kinder an die Zahlungen, und der positive Anreiz geht immer mehr verloren. Als Folge davon muss man seinen Kindern immer höhere Beträge versprechen, die dann wieder nur für begrenzte Zeit wirken – und so geht es immer weiter, ohne Aussicht auf ein Ende. Das ist so ungefähr im Kleinen, wie die Finanzkrise im Großen angefangen hat.

Ein anderes Problem mit der Belohnung für die guten Noten tritt zutage, wenn es einmal, trotz vieler Bemühungen und großem Einsatz, nicht ganz so gut klappt. Gut möglich, dass das Kind ein schlechtes Jahr hatte oder der Mathelehrer wirklich ungeeignet war und so weiter. Wenn man dann trotzdem den Bonus auszahlt – wie in der Finanzbranche üblich –, sorgt man ohne es zu wollen dafür, dass das eigene System langfristig völlig unbrauchbar wird. Denn wenn das Kind immer eine Belohnung bekommt, wenn es in jeder noch so abstrusen Ausnahmesituation Gründe anführen kann, warum es dieses Jahr mit den Ergebnissen nicht ganz so wie erwartet geklappt hat, wo soll da noch der Anreizcharakter sein? Wieso sollte das Kind sich dann noch anstrengen? Es weiß ja aus Erfahrung, dass es fest mit dem Bonus rechnen kann.

Zahlt man in solch einer Situation jedoch keinen Bonus, dann läuft man Gefahr, das Kind zu demotivieren und es schlimmstenfalls auch noch dafür zu bestrafen, dass es sich trotz aller widrigen Umstände so angestrengt hat.

Das Beispiel zeigt: Zuckerbrot und Peitsche reduzieren die Realität auf einige wenige messbare Größen und sorgen so dafür, dass nur das passiert, was tatsächlich gemessen wird. Leider gerät dabei allzu oft das in Vergessenheit, was wirklich relevant ist. Schade eigentlich! Denn es geht so viel besser – und einfacher. Pawlowsche Hunde sind lächerlich simplifizierend.

Es ginge auch anders

Wenn man also wirklich will, dass man selbst und andere lernen, anders zu handeln, dann lohnt es sich, ein Stück weiter zu denken und einen anderen Weg zu beschreiten als die beiden oben genannten. Welche

Umstrukturierungsmaßnahme hat denn wirklich gebracht, was ihre Veranlasser sich von ihr erhofft haben? Welche noch so schöne Vision hat Menschen denn wirklich so verbunden, dass sie gemeinsam auf ein Ziel hingearbeitet und ihr Handeln nachhaltig verändert haben?

Natürlich gibt es immer wieder Beispiele, die belegen, dass die zuvor beschriebenen Maßnahmen noch etwas ausrichten können. Aber letztendlich werden die meisten Menschen in ihrem Arbeitsalltag immer häufiger mit Situationen und Fragen konfrontiert, in denen Kontrolle oder Zuckerbrot und Peitsche an ihre Grenzen stoßen.

Genau an diesen Punkten knüpft der Spielfaktor an.

Spielerisch zu arbeiten eröffnet nicht nur neue Perspektiven, sondern auch ungeahnte Möglichkeiten – mit der Aussicht auf langfristigen Erfolg.

Im spielerischen Denken ersetzt man die Kontrolle durch Verführung, und Boni durch die Tatsache, dass die Arbeit an sich wieder Spaß macht und sich um ihrer selbst willen lohnt. Dabei ist das Prinzip des Spielens bei der Arbeit keine merkwürdige Phantasie und auch keine idealistische Vorstellung davon, wie schön die Welt doch wäre, wenn alle ein bisschen netter zueinander wären. Erfreulicherweise ist spielerische Arbeit schon jetzt in den verschiedensten Organisationen eine Realität. Zwar ist sie noch nicht allzu weit verbreitet und manchmal nur in ihren Anfängen sichtbar. Aber vielleicht ist es gerade deshalb die vielversprechendste Perspektive für das Lösen von hartnäckigen Problemen.

Der Friedensnobelpreisträger Muhammad Yunus, der den vielgeachteten Preis für den Aufbau der Grameen Bank in Bangladesch erhielt, die mit Mikrokrediten Millionen von Menschen erlaubte, sich selbstständig zu machen und damit eine Lebensgrundlage zu schaffen, erzählt in einer Rede von den Anfängen seiner Idee. »Immer dann«, so berichtet er, »wenn wir nicht wussten, was wir tun sollten, haben wir uns gefragt, wie sich eine traditionelle Bank in diesem Fall verhalten würde. Und dann haben wir genau das Gegenteil ausprobiert.«

Man könnte den Spielfaktor ganz ähnlich beschreiben. Er beruht auf der Überzeugung, dass die Art und Weise, wie in vielen Firmen, Ämtern oder Vereinen heutzutage Arbeit organisiert wird, längst nicht mehr richtig funktioniert. Das gilt nicht nur für die gesamte Organisation, sondern auch für die einzelnen Teams oder für Menschen ganz persönlich. Auf allen Ebenen können wir uns zwar noch eine ganze Weile weiter so durchwühlen und damit durchmogeln wie bisher. Aber die steigende Arbeitsunzufriedenheit, immer mehr Menschen, die aus den bestehenden Strukturen ausbrechen und sich selbstständig machen, Organisationen, die nach der Zukunft der Arbeit forschen, und Projekte, die zum wiederholten Male scheitern, sind im Grunde mehr als bloß Anzeichen dafür, dass es an Zeit ist für eine neue Perspektive.

Die Zeit ist reif für neue Ansätze und Ideen.

Um mit Muhammad Yunus zu sprechen: Wann immer man in eine Situation kommt, in der man sich fragt, was man tun solle, sofern man nicht stecken bleiben will in seinem heutigen Denken, könnte man sich zunächst einmal ausmalen, was man tun würde, wenn man spiele. Manchmal hilft es, sich dabei die eigenen Kinder als Denkhilfe vorzustellen. Was würden die mit der Situation anfangen? Wie würden die an die Sache herangehen? Wer auf diese Art anfangen kann zu denken, der hat den Spielfaktor entdeckt.

Kurz und prägnant

➜ Die herausragende Frage jedes Arbeitens, Führens, Organisierens und jeder Selbstbestimmung ist letztlich die Frage nach der Beeinflussung von Handeln.

➜ Dabei ist egal, ob es um das eigene oder das Handeln anderer geht. Wenn sich etwas ändern soll, dann muss dafür irgendjemand irgendwo irgendwann etwas anders machen als vorher. Dieser Wunsch nach Beeinflussung ist weder unethisch noch hinterhältig, sondern Bestandteil eines jeden Gesprächs.

➜ Der Versuch, das Handeln anderer zu beeinflussen, ist nicht neu. Die gängigen Methoden dazu sind Kontrollmechanismen oder das System von Zuckerbrot und Peitsche. Sie haben durchaus ihre Daseinsberechtigung als Strategie, allerdings lassen sich damit die meisten der heute aktuellen Fragestellungen in Unternehmen nicht mehr lösen.

➜ Spielen eröffnet eine neue Perspektive, wie man auf eine völlig andere Art, viel partnerschaftlicher und attraktiver als bisher, zu neuem Handeln kommen kann.

2 Spielen ist nützlich – auch im Büro

Nicht wenige Menschen, denen ich erkläre, dass ich mich mit Spielen im Arbeitskontext beschäftige, schauen mich zunächst einmal ziemlich ungläubig an. Spielen und Arbeiten – das hat für die meisten nun wirklich nichts miteinander zu tun. Im Englischen ist es sogar ein Gegensatz, play or work. Das Spielen ist in diesem Wortsinn die Zeit, in der man selbst entscheiden kann, was man tut, während die Arbeit jene Zeit ist, in der jemand anderes darüber entscheidet, was man tut, oder in der man zumindest keinen Spaß hat.

> **Arbeit, die; -, -en:** Tätigkeit mit einzelnen Verrichtungen, Ausführung eines Auftrags o. Ä.
>
> **Spaß, der; -es, Späße:** Freude, Vergnügen, das man an einem bestimmten Tun hat.

Skepsis gegenüber Spielen und spielerischen Ansätzen im Arbeitskontext ist also weit verbreitet. Das mag daran liegen, dass das Spielen, zumindest in Bezug auf Erwachsene, bei vielen Menschen eine eher zweifelhafte Reputation hat. Den Spielenden wird schnell Unverantwortlichkeit (»Wie kann der sich nur so gehen lassen?«) oder Spielsucht (»Wie schade um all das schöne Geld!«) unterstellt. Es gibt Sadismus, den manche Spiel nennen, oder das Austricksen oder Benachteiligen anderer, wenn man vom »miesen Spiel« redet. Und selbst das, was ein jeder an positiven Gedanken mit dem Thema Spielen verbindet – etwa Kinder, Sandkästen, Spielplätze oder junge Tiere –, hat nun wirklich reichlich wenig Bezug zur Arbeitswelt.

Arbeit und Spiel – zwei getrennte Welten?

Wie in aller Welt kann man dann darauf kommen, Arbeiten mit Spielen in Verbindung zu bringen? Die Antwort nimmt Bezug auf das vorige Kapitel, in dem ich schrieb, das unsere heutigen Wege, das Handeln von Menschen zu beeinflussen nicht mehr funktionieren, und dass wir eine neue Perspektive brauchen. Das Bedürfnis nach dieser neuen Perspektive habe ich in erster Instanz ganz persönlich erlebt.

Im Rahmen meiner Tätigkeit als Berater war ich immer mal wieder an Aufträgen beteiligt, bei denen ich im Nachhinein, obwohl der Kunde insgesamt zufrieden war, ein ungutes Gefühl zurückbehielt. Dabei hatten wir stets zusammen mit dem Kunden getan, was geplant war und was man voneinander erwartete, hatten so agiert, wie die Konventionen es vorgaben: vernünftig und gemäß den gängigen Regeln. Die Resultate ließen sich sehen, und trotzdem blieb da das Gefühl, dass ich gerne mehr erreicht hätte – auch wenn die Kunden selbst sagten, dass das Ergebnis so ungefähr das maximal Realisierbare war. Mehr sei einfach nicht drin, hieß es mehr als einmal. Oder gar: So ist es nun mal. Es waren Erfahrungen, mit denen ich in der Firma »Kessels & Smit, The Learning Company«, die ich gemeinsam mit circa 30 Partnern besitze, nicht allein stand. Einige Kollegen empfanden die Resignation, die mit dem Ausspruch »So ist es nun mal« verbunden ist, ebenfalls frustrierend. Dagegen erschien uns der Gedanke, dass es auch anders gehen könnte, sehr spannend. Und wir beschlossen, ihm einmal nachzugehen.

Die Suche nach einer neuen Perspektive

Anfangs gingen wir sehr analytisch an die Sache heran. Es ging uns darum, uns erst einmal einen Überblick darüber zu verschaffen, welche Forschungsarbeiten es bereits zum Thema »Handeln« gibt, und wie deren Autoren erklärten, warum Menschen in einer bestimmten Situation so handeln, wie sie handeln. Das Resultat war überwältigend. Es gibt tausundeinen Ansatz, das Handeln von Menschen zu erklären. Motivationstheorien, Kulturtheorien, ökonomische Theorien der Nutzenmaximierung. Und so weiter. Irgendwann entschieden wir uns für eine grobe Vereinfachung, um Übersicht zu gewinnen. Letztendlich, so lautete unser Fazit nach der Sichtung des Materials, lassen sich alle Faktoren zurückführen auf zwei Kategorien. Die Kategorien nannten wir zum einen »Wollen« und zum anderen »Können«.

> Menschen handeln, wie sie handeln, auf der Grundlage all der Dinge, die sie angesichts ihrer Nutzenabwägung, ihrer Emotionen und ihrer Motivation *wollen*. Und sie handeln so, wie sie *können*, also entsprechend dem Repertoire an Strategien, die ihnen zur Verfügung stehen.

Unsere Suche lehrte uns auch, dass viele der »großen« Theorien schnell zur Abstraktheit führen. Die Motivationstheorie klingt beispielsweise zwar nach einem sehr interessanten Konzept, aber was heißt sie konkret, in einer bestimmten Situation und für einen bestimmten Menschen? Wie kann sie das jeweils gewählte Handeln erklären? Eine der interessantesten Arbeiten, die wir zum Thema fanden und die genau diese konkreten Bilder schafft, ist die des amerikanischen Soziologen Erving Goffman. Goffman betrachtet das Verhalten von Menschen in konkreten Momenten wie unter dem Mikroskop.

Wie soziale Interaktion funktioniert

Erving Goffman beschäftigte sich Zeit seines Lebens mit der Frage, warum Menschen so gut wie immer sehr geordnet und gesittet miteinander umgehen. Das mag auf den ersten Blick nicht besonders interessant klingen. Wenn man sich allerdings vorstellt, wie viele Details für eine in unseren Augen »völlig normale« Interaktion nötig sind, dann wird die Frage auf einmal sehr spannend.

Um die Relevanz von Goffmans Gedanken im Hinblick auf die Fragestellung nach den Ursachen des menschlichen Handelns zu verstehen, hilft es, einmal tief einzutauchen in eine konkrete Situation:

Eine Frau fährt in die Stadt, weil sie sich ein Paar Schuhe kaufen möchte. Zunächst bummelt sie ein bisschen durch die Einkaufsstraße, entdeckt schließlich ein attraktives Schuhgeschäft, dessen Auslage ihr gut gefällt. Sie geht hinein, schaut sich um, lässt sich von einer Verkäuferin helfen und probiert zwei Paar aus. Schließlich entscheidet sie sich für die roten Pumps, bezahlt sie und verlässt, zufrieden über die Neuanschaffung, das Geschäft.

Das hört sich erst mal alles ganz einfach an – und ist es in der Regel auch. Es sei denn, für die Dame hat der Schuhkauf überlebenswichtige Dimensionen, weshalb sie sich erst nach eingehender Sichtung aller in der Stadt befindlichen Geschäfte, mehreren Tagen des Anprobierens und sorgfältiger nächtlicher Abwägung für ein Paar entscheiden kann ... Aber das wäre dann eine andere Geschichte.

Für den geordneten Verlauf dieses einfachen Prozesses des Schuh-kaufs sind allerdings unvorstellbar viele Details nötig, die alle zusammen-passen oder erfüllt sein müssen. Details, über die wir uns im Alltag nur wenig oder keine Gedanken machen.

Hier eine kurze Auswahl: Die Frau muss wissen, in welchen Ge-schäften sie Schuhe kaufen kann.

➡ Sie kann davon ausgehen, dass sie nicht bezahlen muss, um das Schuhgeschäft betreten zu dürfen. Sie ist darüber informiert, dass es einen Unterschied zwischen Damen- und Herrenschuhen gibt und dass diese in verschiedenen Abteilungen des Geschäfts untergebracht sind.

➡ Sie findet es selbstverständlich, dass sie die Schuhe anfassen darf.

➡ Sie erkennt die Verkäuferin ohne Worte, selbst wenn diese keine besondere Uniform trägt. Sie weiß, wie sie sich verhalten muss, wenn die Verkäuferin ihre Hilfe anbietet.

➡ Sie geht davon aus, dass es adäquat und erlaubt ist, die Schuhe anzuprobieren.

➡ Sie geht nicht aus dem Schuhgeschäft, ohne die Schuhe vorher zu bezahlen.

Diese Tatsache, dass Dinge, die uns völlig selbstverständlich erscheinen, noch lange nicht selbstverständlich für andere zu sein brauchen, erfährt man eindrucksvoll dann, wenn man sich in einem anderen, unbekannten Land oder Kulturkreis aufhält. Die Frau aus dem Beispiel dürfte die Schuhe im Regal womöglich nicht anfassen, außerdem wäre völlig unklar, ob es in dem Laden eine Verkäuferin gibt, sie könnte schon mit dem ersten Satz, den sie mit dem Ladenbesitzer wechselt, ins Fettnäpfchen treten – und wüsste höchstwahrscheinlich noch nicht einmal warum. Wenn man eine Liste der Dinge aufstellt, die nötig sind, um so etwas Simples wie einen Schuhkauf ohne Fauxpas und Skandal zu absolvieren, braucht man dafür gleich mehrere Blatt Papier.

Auch in Filmkomödien oder Unterhaltungsromanen machen sich die jeweiligen Autoren dieses Phänomen nur zu gerne zunutze. Nicht umsonst gibt es eine Vielzahl an Filmen und Büchern, in denen mit genau diesen Details und Schwierigkeiten gespielt wird. Sie handeln von Menschen, die irgendwie »anders« sind, von Urwaldbewohnern oder australischen Krokodiljägern in Großstädten, oder von Königen oder Teenager aus anderen Zeiten in der Moderne. Sie alle müssen sich in einem neuen Umfeld zurechtfinden – und stolpern dabei unbeirrt von einer Blamage zur nächsten. Weil sie die Regeln, die in den jeweiligen ganz konkreten Situationen gelten, nicht kennen.

Die Bühne als Metapher

Die beiden Beispiele zeigen: Der geordnete, reibungslose Verlauf zwischenmenschlicher Interaktion ist nicht selbstverständlich. Erving Goffman befasste sich über Jahre hinweg mit der Frage, auf welche Art und Weise es Menschen trotzdem gelingt, mühelos miteinander umzugehen, auch wenn sie sich nicht ständig über die Regeln abstimmen, und ohne eine fundamentale Unsicherheit über die eigene Rolle. Der amerikanische Soziologe schlug eine interessante Metapher vor: die Bühne.

> In jeder Gesellschaft gibt es Regeln dafür, wie man bestimmte Menschen in bestimmten Rollen behandelt und wie diese Menschen in der jeweiligen Rolle handeln.

Für Goffman nehmen Menschen, sobald sie interagieren, automatisch Rollen ein – oft ohne sich dessen bewusst zu sein. Die Kundin aus dem vorangegangenen Beispiel schlüpft also in die Rolle der Käuferin, sobald sie das Schuhgeschäft betritt. Und da sie die nötigen Regeln beherrscht, weiß sie, ohne darüber nachzudenken, wie sie sich in dieser Situation zu verhalten hat. Gleichzeitig macht sie, indem sie in dem Laden ganz natürlich als Käuferin auftritt, indirekt einen Anspruch geltend, auch adäquat in ihrer Rolle behandelt zu werden. Gleiches gilt für den Part der Verkäuferin. So kommt es beim Erstkontakt zwischen den beiden Frauen zugleich zum Abtasten der eigenen Rolle und der des Gegenübers, auf der Suche nach einem gemeinsamen Drehbuch, einem Skript. Intuitiv suchen Käuferin und Verkäuferin nach einer übereinstimmenden Definition der Situation, die dafür sorgt, dass jede die passende Rolle einnehmen kann.

Unser Handeln wird so von mehreren Faktoren bestimmt. Nämlich davon, wie wir bestimmte Situationen einschätzen, welche Rolle wir darin annehmen und wie gut wir gelernt haben, diese Rolle adäquat auszufüllen. Erving Goffmans Forschungen endeten an diesem Punkt. Meine Kollegen und mich interessierte jedoch, wie Menschen diese verschiedenen Rollen und die dazugehörigen Handlungsmuster erlernen. Woher kennt man all diese möglichen Rollen? Die Antwort dürfte kaum überraschen: vor allem aus unserer Kindheit.

Durch Spielen Handeln erlernen

Kinder spielen andauernd, sofern Erwachsene sie nicht davon abhalten. Tag für Tag schlüpfen sie in unzählig viele Rollen, die sie oft schneller wechseln, als es ihnen bewusst wird. Ob Cowboy und Indianer, Arzt und Patient, im Kaufladen oder in der Kinderküche, beim allseits beliebten Vater-Mutter-Kind- Spiel, es gibt sicherlich Hunderte verschiedene Parts, bei denen der Phantasie keine Grenzen gesetzt sind. Kinder probieren andauernd neue Rollen, Situationen und Sätze aus, sagen oft irgendwelche Sachen – auch schon mal unverschämte –, nur um herauszufinden, wie ihr Gegenüber darauf reagiert. Das ist für die Eltern manchmal recht anstrengend, für die Kinder dagegen ist und bleibt es ein Spiel und zugleich eine ziemlich einprägsame Art zu lernen, welches Agieren welchen Effekt hat.

> Menschen handeln, wie sie handeln, auf der Grundlage der Rollenskripte, die sie gelernt haben und die sie beherrschen. Welche Handlungsmuster zum jeweiligen Repertoire einer Person gehören, hat sie in den meisten Fällen in ihrer Kindheit durch Spielen erlernt.

Wenn man das Handeln-Können durch Spielen lernt, wie ist es dann mit dem Handeln-Wollen? Was sorgt dafür, dass Menschen etwas wollen, und sich also überhaupt erst in eine Situation begeben, in der sie die einst gelernten Rollenskripte einsetzen können? Dies war die logisch nächste Frage, die sich uns auf unserer Suche stellte.

Wir kamen einer Antwort auf die Spur durch einen Film. *In The Game – Das Geschenk seines Lebens* mit Michael Douglas ist der Schauspieler in der Rolle des Chefs einer Investmentbank zu sehen, der zum vierzigsten Geburtstag von seinem Bruder ein Spiel geschenkt bekommt. Ein sehr ungewöhnliches Spiel, wie einer der Charaktere im Film beschreibt: »Es ist so wie ein Besuch in Disneyland, nur dass das Disneyland zu dir kommt« Als der Investmentbanker sich darauf einlässt, passieren immer ungewöhnlichere Dinge, und jedes Mal führen diese Erlebnisse ihm vor, dass ihm die Kontrolle, die er über sein Leben zu haben glaubt, langsam entgleitet. Bald lässt sich kaum mehr die Grenze ziehen zwischen Spiel – also dem, was inszeniert, geplant, ausgedacht ist – und Realität. Douglas gleitet immer weiter in sein Spiel hinein, kämpft um den Erhalt seiner absoluten Kontrolle und kommt damit in immer extremere Erfahrungen – um am Ende des Films eine Lektion fürs Leben gelernt zu haben.

Das Spiel beeinflusst Douglas' Handeln nachhaltig. Am Ende des Films ist er wie neu geboren, kann sich einlassen auf andere Menschen. Alle möglichen Aspekte des Films, etwa das Extreme, die Manipulation oder der Aufwand, sind weit weg vom normalen Leben. Doch der Kern der Geschichte, die der Film erzählt, ist das eigentlich Interessante: Douglas' Charakter ändert sein Denken und Handeln durch die Erfahrungen, die er macht. Dazu müssen diese Erfahrungen nicht »echt« sein – der Effekt bleibt, auch wenn Douglas ahnt, dass alles nur ein Spiel ist.

Erfahrungen, auch die im Spiel gemachten, beeinflussen das Handeln von Menschen nachhaltig.

Wenn es darum geht, was Menschen wollen, dann sind Erfahrungen dazu der Schlüssel. Wer noch nie am eigenen Leib gespürt oder selbst ausprobiert hat, wie lecker indisches Essen, wie cremig belgische Schokolade oder wie urig die sprichwörtliche deutsche Gemütlichkeit ist, den wird es so schnell nicht danach verlangen. Es sei denn, derjenige hat bisher schon viele gute Erfahrungen im Umgang mit ihm fremden Dingen gemacht, seien es fremde Küchen oder andere Länder und Sitten. Und so haben die Erfahrungen, die ein jeder Mensch im Laufe seines Lebens macht, einen maßgeblichen Einfluss darauf, was er will und tut.

Neues erfahren

Neues, anderes Handeln fängt so gut wie immer mit der Vorstellung an, dass es auch anders ginge. Und eine Vorstellung von etwas bekommt man am ehesten dann, wenn man es selbst erfahren und erleben darf. Aufgrund dieser Erfahrung will man dann vielleicht etwas Anderes. Im kleinen Prinzen beschreibt Antoine de Saint-Exupéry diese Einsicht so:

>> *Wenn du ein Schiff bauen willst, so trommle nicht Männer zusammen, um Holz zu beschaffen, Werkzeuge vorzubereiten, Aufgaben zu vergeben und die Arbeit einzuteilen, sondern lehre die Männer die Sehnsucht nach dem weiten, endlosen Meer.* <<

Antoine de Saint-Exupéry, *Der kleine Prinz*

Der kleine Prinz bringt die Sache auf den Punkt: Wie lernen die Männer die Sehnsucht nach dem weiten, endlosen Meer am ehesten? Vermutlich nicht durch eine PowerPoint-Präsentation über die Ozeane dieser Welt, sondern dadurch, dass sie eingeladen werden zu einem Törn, der sie die Schönheit des Meeres hautnah spüren lässt. Doch erst wenn die Sehnsucht auch geweckt ist, besteht überhaupt die Chance darauf, dass die Männer etwas anderes wollen – und dafür etwas an ihrem Tun ändern. Wir wollen, was wir wollen, aufgrund unserer Erfahrungen.

Wenn also ein Abteilungsleiter möchte, dass seine Mitarbeiter mehr Verantwortung übernehmen, dann sollte er sie erfahren lassen, wie viel Spaß das machen kann, um in ihnen die Lust auf Verantwortung zu wecken. Wenn ein Unternehmenschef will, dass die Vertriebsteams über die einzelnen Standorte hinweg besser zusammenarbeiten, dann sollte er ihnen nicht nur davon erzählen, sondern sie selbst erleben lassen, dass es sich lohnt. Wenn der Direktor der örtlichen Sparkasse möchte, dass seine Kundenberater aufmerksamer und freundlicher und serviceorientierter mit den Bankkunden umgehen, dann sollte er seine Angestellten erfahren lassen, was ihnen dieser andere Umgang bringen kann.

Die einschneidendsten Erfahrungen, dass es auch anders ginge, machen Menschen, wenn sie spielen.

Es gibt nur wenige andere Situationen, die so einladend sind, neue Dinge gefahrlos und ohne Konsequenzen auszuprobieren, wie das Spiel. Ein Monopoly-Spieler, der mit seiner bisherigen Strategie dreimal hintereinander verloren hat, wird keine allzu große Scheu davor haben, im vierten Spiel mal etwas ganz Neues auszuprobieren. Was soll dabei schon schiefgehen? Schlimmstenfalls verliert er eben noch ein viertes Mal. Ebenso wird eine Tennisspielerin beim Match mit der besten Freundin ohne Zögern ein Experiment wagen können, wenn es mit den Volleys wieder einmal überhaupt nicht klappt. Wie wäre es, wenn ich einfach mal versuche, den Schläger ein kleines Stück schräger zu halten?, könnte sie sich fragen – und es einfach ausprobieren. Man wird schon sehen, was dabei rauskommt – und davon lernen.

Viele Menschen trauen sich zwar regelmäßig, etwas Neues zu machen – aber lieber nicht auf der Arbeit. Dem Chef einfach mal anders begegnen, weil es die letzten beiden Male nicht so gut lief? Oh, lieber nicht, mag sich ein Angestellter denken, schließlich könnte es ganz schön in die Hose gehen. Genau das ist das Problem. Weil die meisten Menschen davon überzeugt sind, dass es bei der Arbeit nur wenig Raum gibt für andere Erfahrungen, bleibt die Arbeit für sie Arbeit, und bleiben sie stecken in den Erfahrungen, die sie wieder und wieder machen. Wenn man dann manchmal dann doch etwas Neues ausprobiert, dann könnte man sagen, dass man schon spielt – weil eben diese Haltung des Sicheinlassens, Ausprobierens eine der Eigenschaften des Spiels ist.

Was Spielen eigentlich ist und wie es funktioniert

Die Suche nach einer neuen Perspektive und der damit verbundene Versuch, die Gründe für das Handeln von Menschen besser zu verstehen, haben mich und meine Kollegen also gleich zweimal zum Spielen geführt: Über das Können und über das Wollen. Noch mal kurz zur Rekapitulation: Handeln Können ist davon beeinflusst, wie wir die Handlungsmustern und Rollenskripte irgendwann einmal durch Spielen gelernt haben. , Handeln Wollen hat viel mit unseren Erfahrungen zu tun, also damit, welche Vorstellung wir davon haben, wie etwas vonstatten-gehen könnte, und wie attraktiv diese Erfahrungen für einen waren. Und diese Erfahrungen machen wir wiederum, wenn wir spielerisch denken.

Mit diesen Gedanken ist keineswegs wissenschaftlich erwiesen, wie das Handeln von Menschen mit Spielen zusammen hängt. Spielen ist nicht die Antwort auf alle Fragen dieser Welt oder die einzig gültige Management- oder Selbsthilfetheorie, der magische Zauberstab, mit dessen Einsatz alle Probleme automatisch der Vergangenheit angehören. Aber Spielen bietet sich als Perspektive an, als Metapher, über die man neue Ideen im Arbeitsumfeld generieren kann. So dass man die Sackgasse des nächsten Kontrollinstruments, oder des neuesten Bonussystems vermeiden kann – und stattdessen andere, ungewöhnliche und vielleist sogar besser funktionierende Ansätze zu kommen.

Spielen ist eine hervorragende Methode, um sich selbst und andere zu **neuem Handeln** zu animieren und so andere **Arbeitsprozesse** in Gang zu bringen.

Diese ungewohnten Ideen, dieses Brechen mit den traditionellen Antworten, die schon lange nicht mehr den Effekt bringen, den man sich von ihnen erhofft, sind wichtige Schritte hin zu dauerhaften Veränderungen zum Positiven. Wer besser versteht, was Spielen eigentlich ist, wie es funktioniert und wie es sich in der Arbeitswelt anwenden lässt, dem stehen Tür und Tor offen zu einer völlig neuen Welt.

Spiel und Ernst

Es ist interessant, dass die meisten Leute wissen, was Spielen ist, und es auch erkennen, wenn sie jemanden dabei beobachten – und dass es gleichzeitig für viele beinahe unmöglich ist, Spielen zu definieren.

Sich auf Neues einlassen oder am Alten hängen?

Spiel, das; -[e]s, -e: Tätigkeit, die ohne bewussten Zweck zum Vergnügen, zur Entspannung, aus Freude an ihr selbst und an ihrem Resultat ausgeübt wird.

Man stelle sich zwei zehnjährige Jungen vor, die an einem Frühlingstag im Garten toben. Immer wieder fallen sie übereinander her, schubsen sich und wälzen sich im Gras. Mit der Zeit wird aus dem Toben ein Gerangel. Die beiden lachen weniger, schubsen sich stärker, irgendwann ist es ein Kampf. Aus dem Spiel ist Streit geworden.

Die meisten Beobachter können in so einer Situation die Grenze zwischen Spiel und Streit ziemlich genau bestimmen. Das liegt nicht etwa daran, weil sich das, was die Zehnjährigen da tun, auf einmal grundlegend ändert, sondern daran, dass die Atmosphäre eine andere ist. Im Spiel spürt man die Ungezwungenheit, den Spaß, das Miteinander – im Streit den Druck, den Frust und das Gegeneinander. Den Streit nennen wir normalerweise aus genau diesem Grund nicht Spiel.

Die Essenz des Spielens liegt nicht in dem, was jemand tut, sondern wie er es tut.

Auch wenn Tiere spielen – dass sie es tun, ist ausreichend dokumentiert –, ist der Unterschied zwischen Spiel und Ernst für Außenstehende deutlich zu erkennen. Und wieder ist es weniger das, was die kleinen Löwen oder Affen tun, sondern wie sie es tun, das den Beobachter folgern lässt, die Aktivität sei Spiel oder Ernst.

Spielen ist eine Haltung

Die Schlussfolgerung aus dem vorangehenden Absatz ist nicht immer ganz leicht nachvollziehbar. Man kann sich Spielen beinahe nur vorstellen als konkrete Aktivität – wenn sie an Spielen denken, dann haben die meisten Menschen ein Tun vor Augen, eine Sportart, ein Hobby, ein Gesellschaftsspiel. Und so könnte man meinen, Spielen sei die jeweilige Aktivität – und darum heißen Monopoly und Mensch-ärgere-Dich-nicht eben auch Spiele. Und trotz dieser nahelegenden Schlußfolgerung ist es eben nicht die jeweilige Aktivität an sich, die etwas zum Spielen macht, sondern die Haltung und innere Einstellung, in der diese Aktivität angegangen wird. , die sie zum Spielen macht, und nicht das Tun an sich.

➡ Spielt jemand, der für einen Marathon trainiert, oder arbeitet er?

➡ Für wen und wann ist eine Karnevalssitzung Spiel, wann Arbeit?

➡ Erlebt man den firmeneigenen Messeempfang als Arbeit, oder ist es Spielen?

➡ Spielt der Forscher im Labor, wenn er so lange herumprobiert, bis er eine neue chemische Verbindung entdeckt, oder ist dieses Experimentieren Arbeit?

➡ Spielen Musiker auf der Bühne, oder arbeiten sie auch?

➔ Ist das Training für Fußballprofis vergnügliches Spiel oder harte Arbeit?

Für den einen bedeutet die Karnevalssitzung purer Genuss, singend, Späßchen machend und lachend durch den Abend zu leben, für den anderen ist es akribisch Vorbereitung und aufreibende Nervosität vor der Büttenrede. Der eine amüsiert sich prächtig auf dem Messeempfang und macht den ganzen Abend Small Talk, für den anderen ist es harte Arbeit, denn er überlegt, mit wem er sich alles unterhalten sollte, um noch mehr Kontakte zu knüpfen und den Abend für seine Karriere zu nutzen.

Wenn zwei das Gleiche tun, ist es noch lange nicht dasselbe. »Play is not an activity, it is a state of mind«, schreibt der Spielforscher Stuart Brown. Spielen ist eine Frage der Haltung, der persönlichen Einstellung in einem Moment, eines Geisteszustands. Dieser Zustand zeichnet sich unter anderem aus durch Leichtigkeit, Zwanglosigkeit und dadurch, dass man dabei voll und ganz im Moment ist. Und genau diese Haltung, Einstellung, dieser Geisteszustand ist das was gemeint ist, wenn es darum geht, Spielen im Arbeitsumfeld anzuwenden.

Die Haltung alleine ist jedoch nicht genug. Nur dadurch, dass man sich gerade irgendwie zwanglos fühlt und ansonsten still auf der Couch sitzt, spielt man noch nicht. Man sieht Spielen nicht zu Unrecht immer als Aktivität – es ist das Tun, das man aus der spielerischen Haltung angeht, das man Spielen nennt. Solange man im Spielerischen Zustand ist, ist das, was man tut, nicht mehr so relevant. es wird zum Spielen.

Jede Aktivität wird zum Spiel, wenn sie in spielerischer Haltung erfolgt.

Die spielerische Haltung hat Wirkung. Wer so spielerisch an das, was er tut, an seine Arbeit, herangeht, kann ganz neue Dinge erfahren – wenn man offen ist, bereit, etwas auszuprobieren. Und auch das Lernen geht besser mit einer spielerischen Einstellung. Wer schon einmal eine neue Sportart oder ein Musikinstrument zu spielen gelernt hat, wird das aus eigener Erfahrung bestätigen können. An jenen Tagen, an denen man die jeweilige Aktivität spielt – also wenn zum Beispiel die Tennisstunde mit Leichtigkeit, Zwanglosigkeit und dem Gefühl der Freiheit einhergeht –, lernt man sehr viel mehr als an jenen Tagen, an denen die Aktivität zu harter Arbeit geworden ist. Weil man gerade allzu verbissen oder erfolgs- orientiert an die Sache herangeht, oder weil man von sich selbst immer die perfekte Spitzenleistung erwartet. Die spielerische Herangehenswei- se erhöht bei jeder beliebigen Aktivität den Lerneffekt. Und diesen Effekt kann man sich ohne große Mühe zu Nutze machen – wenn es einem denn gelingt, sich selbst in den spielerischen Geisteszustand zu bringen. Diesen Zustand wiederzuentdecken ist oft die erste Hürde, die es zu nehmen gilt, wenn man seine Arbeit spielerischer angehen will.

Kurz und prägnant

→ Wer das Handeln von Menschen beeinflussen will, sollte verstehen, warum Menschen so handeln, wie sie handeln. Man kann dabei, grob vereinfachend, sagen, dass sich alle Faktoren, von denen menschliches Handeln abhängt, auf zwei Punkte zurückführen lassen: Wir handeln, wie wir handeln, weil wir es können und wollen.

➡️ Beim Können geht es vor allem um Lernprozesse. Kinder lernen in allen möglichen Situationen neue Handlungsmöglichkeiten, indem sie in unzähligen Rollenspielen immer wieder neu erkunden, welche Aktionen und Reaktionen in welchem Kontext und in welcher Rolle adäquat sind.

➡️ Beim Wollen geht es vorwiegend um Erfahrungen. Wir wollen, was wir wollen, auf der Grundlage unserer Erfahrungen. Es ist ein spielerisches Motiv, sich für neue Erfahrungen zu öffnen, und damit dafür, künftig eventuell etwas anderes zu wollen.

➡️ Spielen ist keine Aktivität, sondern eine Haltung, eine Perspektive. Zwei Menschen können scheinbar das Gleiche tun, aber ob sie wirklich spielen, hängt davon ab, wie sie die jeweilige Aktivität ausführen, aus welcher Haltung.

3 Wissenschaftlich erwiesen: Spielen wirkt

Spielen hat alle möglichen Funktionen, Effekte und Folgen, die man für die Arbeitswelt nutzen kann. Um besser verstehen zu können, wie Spielen genau wirkt, und es möglichst sinnvoll anwenden zu können, lohnt sich ein Blick auf die Forschung. Beim Eintauchen in die Welt der Wissenschaftler, deren Ergebnisse teilweise erhellend, oft überraschend und zudem eine gute Grundlage für den Einsatz des Spielfaktors im Berufsleben sind, kann man viel von dem entdecken, was Spielen erwiesenermaßen bewirkt, aber auch, welche Effekte dem Spielen oft zugeschrieben werden, ohne dass es dafür eine wissenschaftliche Grundlage gibt.

Dabei ist Spielforschung noch gar nicht so alt, die meisten Studien und wissenschaftlichen Veröffentlichungen sind erst nach dem Zweiten Weltkrieg entstanden. Die größten Fortschritte zum besseren Verständnis des Spielens machten Biologen und Zoologen bei der Beobachtung von Tieren. Das ist nicht weiter überraschend, denn fast alle Tiere neigen dazu, zu spielen.

Die Lyder und das Würfelspiel

Die Aktivität des Spielens ist vermutlich so alt wie die Menschheit selbst und nicht nur als Beschäftigung für Kinder etabliert. Schon der Historiker Herodot berichtet im fünften Jahrhundert v. Chr. vom antiken Volk der Lyder, das unter einer Hungersnot litt. Die Ernte reichte nicht aus, um alle Angehörigen des Volkes zu ernähren. Not macht bekanntlich erfinderisch – und das war offensichtlich auch schon damals so, denn die Lyder erfanden prompt das Würfelspiel. Und just dieses Spiel sollte ihnen über die schweren Zeiten hinweghelfen, denn sie machten es sich zunutze, um den Hunger im Zaum zu halten. Das ging so: An einem Tag gab es etwas zu essen, in der Nacht wurde geschlafen, am nächsten Tag widmeten sich die Menschen intensiv dem Würfelspiel, damit sie sich nicht zu sehr an ihre knurrenden Mägen erinnerten. Ganze 18 Jahre hielten die Lyder durch – bis ihr König eines Tages entschied, dass es so nicht weitergehen könne. Er entschied, dass ein Teil des Volkes auswandern sollte, unter der Führung des Königssohnes. Per Los wurde bestimmt, wer das Land verlassen musste und wer bleiben durfte. Per Schiff erreichten die Auswanderer nach langer Fahrt die heutige Toskana, wurden dort sesshaft – und brachten so das Würfelspiel in die Welt.

Bei den Lydern reihte sich das Spiel mühelos in die Reihe der Grundbedürfnisse der Menschen ein: essen, schlafen, spielen.

Aber gehört es da auch hin? Mit Sicherheit, wie die folgenden Absätze zeigen.

Spielen als Grundbedürfnis des Menschen

Wenn man die Geschichte der Menschheit als Anhaltspunkt nimmt, stellt man fest, dass Spielen ein zentrales menschliches Bedürfnis ist. Warum sonst gibt es so viel Spiel? Dass Kinder viel und regelmäßig spielen, halten die meisten Erwachsenen für selbstverständlich. Aber auch viele Erwachsene spielen. Sogar mehr als man so denkt.

Erwachsene lieben Computerspiele

Prozentsatz der volljährigen Menschen, die mindestens 13 Stunden pro Woche mit Computerspielen verbringen:

US-Amerikaner	60 Prozent
Japaner	48 Prozent
Chinesen	16 Prozent
Europäer	9 Prozent

Quelle: de Volkskraut v. 12.02.2011, Rezension über »Reality is Broken« von Jane Mc Gonigall

Man mag von diesen Zahlen halten, was man will – ob es nun gesund, förderlich, typisch amerikanisch oder was auch immer sei –, sie belegen, dass Spielen auch heute noch auf viele Menschen eine große Anziehungskraft ausübt.

Gerade diese Anziehungskraft gibt Wissenschaftlern seit mehreren Jahrzehnten immer wieder Rätsel auf. Auf der einen Seite ist Spielen allgegenwärtig, bei Tieren wie bei Kindern und erwachsenen Menschen, auf der anderen Seite hat Spielen keinen eindeutigen Zweck, und es lässt sich nur schlecht definieren. Genau diese Punkte machen die Erforschung des Spiels für die Wissenschaft umso interessanter.

Hat Spielen einen Zweck?

Die Schwierigkeit, Spiel wirklich zu begreifen, fängt für die Forscher damit an, dass es auf den ersten Blick keine Funktion zu haben scheint, während sich (so gut wie) alle anderen Verhaltensweisen des Menschen ebenso wie die von Tieren mit dem Überlebensdrang der jeweiligen Spezies erklären lassen. Essen, Schlafen, Jagen, Flüchten, Nest bauen, Flirten – für jeden einzelnen dieser Punkte können wir relativ einfach definieren, was er zum Überleben beiträgt.

Ganz anders verhält es sich mit dem Spielen, das erst mal wie pure Energieverschwendung erscheinen mag. Hinzu kommt, dass es nicht ohne Risiko ist – wenn man junge Bergziegen im wahrsten Sinne des Wortes schon mal am Abgrund hat spielen sehen, wird einem klar sein, dass dies nicht immer gut gehen kann. Was für die Bergziegen gilt, lässt sich auch bei anderen Tieren beobachten. Der australische Zoologe Robert Harcout verbrachte im Jahr 1988 neun Monate damit, junge Seehunde vor der Küste Perus zu beobachten. Ausgewachsene Seelöwen griffen die Heuler regelmäßig an, oft mit Erfolg. Mehr als drei Viertel der so getöteten Heuler waren auf den Angriff überhaupt nicht vorbereitet und hatten auch nicht bemerkt, dass um sie herum andere Tiere flohen – weil sie mitten im Spiel waren.

Aus den genannten Beispielen lässt sich folgern, dass Spielen durchaus lebensgefährlich sein kann. Warum tun Tiere es dann trotzdem? Bewahrt sie ihr Instinkt nicht davor? Schließlich wäre es viel vernünftiger und zudem für das Überleben zweckmäßig, es sein zu lassen.

Spielen kann gefährlich sein, im Extremfall sogar lebensgefährlich.

Eines ist klar: Ziegen- oder Seehundeltern gehen die Aufzucht ihres Nachwuchses nicht so überlegt an wie der Mensch, dennoch kann man grundsätzlich davon ausgehen, dass manche Jungtiere mehr spielen und andere weniger. Wenn Spielen tatsächlich nur Energie kostete und zudem lebensgefährlich wäre, dann würden über den evolutionären Prozess der natürlichen Auslese irgendwann die viel Spielenden von den wenig Spielenden überholt, und eines Tages würden die Jungtiere damit aufhören. Die Spieler würden also irgendwann aussterben.

Die Tatsache, dass Jungtiere nach wie vor so viel spielen, deutet also darauf hin, dass dies im Leben einen Nutzen bringt, der die Gefährlichkeit und Energieverschwendung aufwiegt. Nur worin besteht der Nutzen?

Spielen bedeutet lernen

Lange Zeit nahm die Wissenschaft an, dass das Spielen bei Säugetieren wie bei Menschen vor allem eine direkte Lernfunktion habe. Kleine Kinder lernen im Spiel und damit oft spielerisch motorische Abläufe, junge Katzen lernen, wie sie erfolgreich jagen. Damit dient es im Grunde als Vorbereitung auf das »richtige Leben«.

Nur leider bleibt bei dieser Annahme ein wichtiges Detail unberücksichtigt: Wenn Spielen eine direkte motorische Lernfunktion hat, dann ist es nicht logisch, dass sich zum Beispiel die Jagdbewegungen im Spiel von den Jagdbewegungen im echten Leben unterscheiden. Wenn zwei Tiere spielerisch kämpfen, dann nimmt sich derjenige, der gerade die Oberhand gewinnt, ein bisschen zurück, damit das Spiel weitergehen kann. Im echten Leben kann das durchaus tödlich sein – wieso sollte man es also üben?

Wenn Ratten ernsthaft gegeneinander kämpfen, dann versuchen sie, sich in die Flanken oder den Rücken zu beißen. Wenn sie dagegen nur spielen, dass sie kämpfen, dann zwicken sie sich vorwiegend in die Nackenfalte. Die Annahme, das Spiel sei eine direkte motorische Vorbereitung auf das echte Leben, käme dann ungefähr der Behauptung gleich, ein Leichtathlet würde besser im Weitsprung, wenn er möglichst oft Hochsprung übe.

Der amerikanische Psychologe T. M. Caro hat im Hinblick auf diese These ein Experiment mit jungen Katzen durchgeführt. Die eine Gruppe durfte während des Versuchszeitraums mit Plastikmäusen und dergleichen spielen, die Kontrollgruppe nicht. Würden die jungen Tiere beim Spielen also tatsächlich wichtige Verhaltensregeln zum Überleben erlernen, dann müssten jene Katzen, die an den Plastikmäusen üben konnten, als ausgewachsene Tiere besser jagen als ihre nicht spielenden Artgenossen. Leider Fehlanzeige: Der Forscher konnte bei dem Versuch keine signifikanten Unterschiede im Jagdverhalten zwischen den beiden Gruppen ermitteln.

Dafür kam bei dem Experiment aber noch etwas ganz anderes heraus: Zwar konnten die nicht spielenden Katzen später genauso gut jagen wie ihre Artgenossen, aber sie konnten etwas ganz Entscheidendes nicht. Und das wäre weitaus wichtiger zum Überleben. Sie konnten nämlich nicht zwischen Freund und Feind unterscheiden, waren daher entweder sehr aggressiv oder zogen sich extrem zurück, und sie verstanden die sozialen Signale von anderen Katzen nicht. All das ist auch für individualistische Katzen langfristig tödlich.

Spielen sichert trotz aller Gefahr das Überleben, weil dabei soziale Interaktion stattfindet und so die emotionale Intelligenz gefördert wird.

Beim Menschen würde man diese Komponenten als emotionale oder soziale Intelligenz bezeichnen. Spielen scheint so unabdingbar für die Entwicklung von »normaler« menschlicher oder tierischer Interaktion, weil die Beteiligten dabei lernen, verbale und nonverbale Signale zu deuten und zu äußern. All das erleichtert das tägliche Miteinander und sichert letztlich das Überleben.

Für den Zusammenhang zwischen Spielen und Arbeiten ist dies eine höchst interessante Erkenntnis. Denn gerade in Organisationen, in denen Wissen eine bedeutende Rolle spielt, kommt es darauf an, wie Menschen miteinander umgehen, wie sie durch fruchtbare, kreative Zusammenarbeit zu neuen Ideen und Lösungen gelangen. T. M. Caros Experiment deutet damit letztlich darauf hin, dass auch Menschen im Spiel die sozialen und emotionalen Komponenten erlernen, die ihnen auch auf der Arbeit zugute kommen.

Die Spielgeschichte des Menschen

In den USA hat der Spielforscher und Arzt Stuart Brown Untersuchungen über die Spielgeschichte von Menschen durchgeführt. Mit Spielgeschichte sind in diesem Zusammenhang die Intensität und der Raum gemeint, den erwachsene Menschen als Kinder hatten, um zu spielen. Die Ergebnisse der Brown'schen Untersuchungen ergaben, dass unter Mördern und anderen Schwerverbrechern die Zahl der Menschen mit einer eher begrenzten Spielgeschichte signifikant höher ist als bei der Normalbevölkerung. Ebenso ist unter Nobelpreisträgern die Zahl derjenigen Menschen mit einer langen und intensiven Spielgeschichte deutlich höher als unter der Normalbevölkerung. Das heißt im Umkehrschluss nicht automatisch, dass alle Nobelpreisträger extrem soziale Wesen sind. Es bedeutet vielmehr, dass das Spielen bei Kindern auf sozialer Ebene ein gutes Fundament legt. Und dass sie sich als Erwachsene dank dieses Fundaments in ihrem sozialen Umfeld einigermaßen effektiv bewegen können, da sie den Unterschied zwischen passendem und unpassendem Verhalten erkennen und sich entsprechend benehmen. Gleichzeitig deutet die Tatsache, dass Nobelpreisträger als Kinder offenbar mehr gespielt haben als andere, darauf hin, dass es eventuell noch eine weitere Funktion von Spiel gibt, die den Entdeckergeist fördert.

Die Experimente und Forschungsarbeiten von Stuart Brown bestätigen die Annahme, dass Spielen die Basis für das menschliche Handlungsvermögen ist. Spielen hat eine essenzielle Bedeutung, was das Erlernen von Handlungsmustern und Rollenskripten betrifft. Kinder, die viel spielen, üben damit soziale Interaktion.

Spielen hat eine zentrale Funktion beim Erlernen von Handlungsmustern.

Grundsätzlich kann davon ausgegangen werden, dass auch Erwachsene auf diese Art und Weise neue Handlungsmuster lernen. Wie Kinder mit Rollenspielen Situationen des echten Lebens abbilden, so tun Erwachsene das in ihrem Spiel auch. Dabei werden diese Abbildungen auf einer ungleich höheren Abstraktionsebene stattfinden. Wo Kinder mit dem Kaufmannsladen spielen, sitzen Erwachsene beim Schach oder Monopoly, betreiben Ausdauer- oder Mannschaftssport. Das Erwachsenenspiel ist dann letztlich eben eine Metapher für Krieg, Auseinandersetzung, Leistung oder wirtschaftliches Handeln.

Neues aus der Hirnforschung

Spielen interessiert nicht nur Biologen und Zoologen – sondern auch Hirnforscher, die den Zusammenhang zwischen Spielen und Gehirnentwicklung untersuchen. Sie zeigen, dass Spielen ernster zu nehmen ist, als im Allgemeinen oft angenommen wird. Diese Hirnforschung ist Teil des viel größeren Vorhabens der Wissenschaft, das menschliche Gehirn sowie dessen Entwicklung und Funktionen besser zu verstehen. Moderne Hirnforscher betrachten das Gehirn inzwischen weniger als relativ losgelöste Kommandozentrale des Körpers und damit als Heimat der menschlichen Ratio, sondern immer mehr als untrennbaren und verbundenen Bestandteil des Ichs und damit als Heimat für Verstand *und* Emotionen.

Spielen hat auf ganz viele Bereiche unseres Gehirns einen positiven Einfluss.

Spielen hat Auswirkungen auf die Entwicklung und Agilität des menschlichen Gehirns und damit auch auf unsere Gedanken, Ideen, Emotionen und Beziehungen – und zwar jenseits der Motorik. Wobei all diese Dinge eng miteinander vernetzt sind und sich gegenseitig beeinflussen. Beispielsweise haben einige Forscher nachgewiesen, dass regelmäßige Bewegung bei depressiven Menschen einen signifikant positiven Effekt auf die Emotionen und Gedanken hat. Depressive Patienten, die einmal pro Tag joggen gehen, haben deutlich weniger Beschwerden als Patienten, die sich nicht bewegen. Dies könnte darauf hindeuten, dass Motorik, Sozialverhalten, Verstand und Emotionen eigentlich nicht voneinander getrennt betrachtet werden dürfen. Wenn Spielen Auswirkungen auf das Sozialverhalten hat, so ist es wahrscheinlich, dass es auch auf den Verstand und die Emotionen Einfluss nimmt – und zwar positiven.

John Byers, ein Zoologe der University of Idaho, untersuchte das Spielverhalten zahlreicher Säugetierarten. In einer Studie mit Beuteltieren in Australien konnte er beweisen, dass Tiere, die mehr spielen, mehr

Hirnmasse in Relation zu ihrer Körpergröße haben als jene, die nicht oder nur wenig spielen. Die Koalabären sind laut Byers die Verlierer in Sachen Hirnmasse: Sie schlafen ungefähr 20 Stunden pro Tag und spielen nur wenig.

Intelligentere Säugetiere spielen deutlich mehr und länger, vor allem Schimpansen und Menschen, die es am längsten und häufigsten tun. Abgesehen davon ist ihr Spiel auch komplexer und kreativer.

Weitere interessante Ergebnisse der Studie: Elefanten spielen mehr als Pferde, Wölfe mehr als Kaninchen und Papageien mehr als Enten oder Spatzen. Gleichzeitig weisen nicht spielende Tiere einen Entwicklungsrückstand gegenüber jenen Artgenossen auf, die es tun. Es liegt also nahe, davon auszugehen, dass Spielen eine positive Auswirkung auf die Entwicklung von Intelligenz bei Lebewesen hat.

> **Wer nicht spielt,
> ist dümmer als derjenige,
> der regelmäßig spielt.**

Eher zufällig entdeckte John Byers im Rahmen seiner Studien einen weiteren Zusammenhang zwischen Spiel und Hirnentwicklung. An einem Winternachmittag des Jahres 1993 blätterte er etwas ziellos einige Bücher in der Bibliothek der University of Idaho durch. In einem Band entdeckte er eine Wachstumskurve des Kleinhirns von Mäusen in ihren ersten Lebensjahren. Die Kurve war beinahe identisch mit jener der Spielintensität von Mäusen in derselben Periode.

Inspiriert von Byers' Entdeckung machten sich weltweit Forscher auf, den Zusammenhang zwischen Spiel und Hirnentwicklung noch exakter zu erkunden.

So ließ der kanadische Wissenschaftler Sergio Pellis in einem Experiment zwei Gruppen von Ratten ganz normal aufwachsen. Der einzige Unterschied zwischen den Gruppen war, dass einer von beiden die Möglichkeit zum Spielen entzogen wurde. Beim Erreichen der Pubertät untersuchte er die Gehirne der Ratten und fand heraus, dass bei den nicht spielenden Tieren die Nervenzellen des medialen präfrontalen Cortex signifikant weniger entwickelt waren als bei den spielenden Artgenossen. Da diese Gehirnregion für Emotionen, das Sozialverhalten und die Entscheidungsfähigkeit relevant ist, bestätigen auch diese Ergebnisse der Hirnforschung die Verbindung zwischen Spielen und emotionaler sowie sozialer Kompetenz.

Spielen beeinflusst die Entwicklung des menschlichen Gehirns positiv – und zwar nicht nur im Kindesalter.

So unterschiedlich sich all diese verschiedenen Forschungsarbeiten auch interpretieren lassen, es gibt zahlreiche Anzeichen dafür, dass Spielen einen messbaren positiven Einfluss auf die Entwicklung des menschlichen Gehirns hat.

Während die meisten Wissenschaftler sich mit den Auswirkungen von Spielen auf die Wachstumsphase des Gehirns bei Kindern und Jugendlichen beschäftigen, wird bei Erwachsenen in dieser Hinsicht nur wenig geforscht. Dabei bleibt die Entwicklung des Gehirns nie stehen, sondern dauert ein Leben lang an. Die Neuronenverbindungen in den grauen Zellen bleiben konstant in Bewegung, das Gehirn arbeitet und organisiert sich fortwährend, bis zum Eintritt des Todes. Alles, was ein Mensch lernt, wahrnimmt und erlebt, wird als Verbindung zwischen mehreren Nervenzellen im Gehirn abgespeichert. Es liegt daher nahe anzunehmen, dass Spielen auch mit zunehmendem Alter immer noch förderlich ist für die Hirnentwicklung.

In der modernen Forschung gibt es, wie die vorangegangenen Beispiele gezeigt haben, überwältigend viele und interessante Anhaltspunkte dafür, dass Spielen unter anderem über die Entwicklung sozialer und emotioneller Intelligenz eng mit unserem Handeln verknüpft ist. Durch Spielen lernen wir, mit anderen umzugehen, und erfahren, was möglich ist und wo die Grenzen sind.

Spielen und **Handeln** sind

untrennbar miteinander verbunden.

Wer das Handeln von anderen im beruflichen Umfeld beeinflussen will, kommt demnach ums Spielen nicht herum. Durch die durch das Spielen bedingte Leichtigkeit, Freiheit und Lust am aktiven Tun entstehen die nötigen Spielräume, die ganz offensichtlich dafür sorgen, dass menschliche Hirnzellen – und damit auch Dinge – in Bewegung geraten.

Spielen ist ebenso wichtig wie schlafen

Es gibt noch einen letzten guten Grund, das Spielen nicht bloß als Spielerei zu betrachten, sondern ernst zu nehmen. Das Volk der Lyder, von dem am Anfang dieses Kapitels schon einmal die Rede war, überlebte dank eines eigenen Rhythmus: essen – schlafen – spielen. Gerade die beiden letzten Aspekte haben ähnlichere Funktionen, als allgemein bekannt ist.

Die REM-Phase des Schlafens, in der die Menschen oft intensiv träumen, leistet einen enorm wichtigen täglichen Beitrag zur Erhaltung der Gehirnzellen. Zwar ist noch nicht bis ins Detail erforscht, wie sich Träume nun genau auf die einzelnen Gehirnfunktionen auswirken, aber es gibt genügend Anzeichen dafür, dass die Erlebnisse und Gedanken eines Menschen im Traum sortiert und verarbeitet werden. Dabei geht es fast immer auch darum, Verbindungen zwischen einzelnen Gehirnzellen neu anzulegen und zu verstärken.

Spielen und Schlafen haben ähnlich wichtige Auswirkungen auf die Funktionen des menschlichen Gehirns.

All unsere Gedanken und Erinnerungen, sämtliche motorischen, emotionalen und intellektuellen Abläufe, die wir mit unserem Gehirn steuern, gehen letzten Endes zurück auf die Verbindungen zwischen einzelnen Zellen. Je öfter wir etwas üben, etwa den genauen Ablauf beim Dreisprung oder die Handgriffe beim Klavierspiel, desto mehr gleichen diese Verbindungswege zwischen den eingezogenen Zellen mehrspurigen Autobahnen. Zu Beginn, beim ersten Dreisprung etwa ebenso wie bei der ersten Klavierstunde, oder wenn wir so gut wie nie üben, sehen diese Verbindungen noch aus wie holprige Trampelpfade.

Indem wir träumen, ähnlich wie beim Üben, festigen sich durch die erneute Verarbeitung des Erlebten diese neu entstandenen Wege. Sie werden immer breiter, besser befestigt und sind damit für uns nicht nur besser zu finden, sondern auch leichter begehbar.

Beispielsweise erinnern sich Menschen, die etwas Neues gelernt und anschließend gut und lange genug geschlafen haben, besser und

Warum Spielen?

intensiver an das Gelernte als Menschen, die in der Nacht darauf nur wenig oder sehr unruhig schlafen. Warum das so ist, dürfte klar sein: Weil die Trampelpfade sich bei Ersteren am nächsten Morgen schon ein Stück gefestigt haben.

Die positive Wirkung von Schlaf auf den menschlichen Körper zeigt sich auch folgendermaßen: Wenn ein Mensch nicht mehr genug schläft, verschlechtert sich sein Erinnerungsvermögen zusehends, und er kann sich nicht mehr so gut konzentrieren. Außerdem wird die Fähigkeit, Entscheidungen zu treffen, immer mehr auf die Basis reduziert und baut irgendwann nur noch auf die Grundinstinkte auf. Schon nach einer schlaflosen Nacht sind bei vielen Menschen die ersten Effekte in diese Richtung zu spüren.

Spielen, so lautet die neueste Hypothese der Wissenschaftler, wirkt auf die Hirnzellen langfristiger als Schlaf, hat aber grundsätzlich einen sehr ähnlichen Effekt. Beim Spielen werden automatisch neue Verbindungswege im Gehirn geschaffen und bestehende Linien verstärkt, wobei auch weit auseinanderliegende und bisher nicht verbundene Bereiche miteinander verknüpfen werden.

Spielen sorgt für außergewöhnliche Gedankengänge.

Übertragen auf den Arbeitsbereich könnte man sich diesen Mechanismus der Verbindung von scheinbar unzusammenhängenden Hirnregionen so vorstellen: Zwei Architekten, ein spielerischer und ein nicht-spielerischer, arbeiten unter hohem Druck an neuen Entwürfen. Schließlich legt der Arbeitgeber viel Wert auf eine hohe Produktivität und es gilt, einen Abgabetermin einzuhalten. Der nicht-spielerische Architekt wird sich im Zweifel auf seine Arbeit konzentrieren, wird, weil der Stress groß ist, die Mittagspausen verkürzen und sich zwischendurch einen Kaffee bringen lassen. Auch der spielerische Architekt wird hart arbeiten, er spürt den Druck ebenfalls. Aber er wird nebenbei irgendwie nach Möglichkeiten suchen, sich kurz abzulenken, etwas anderes zu tun, einen Spaß zu machen. Also balanziert er beim Versorgen der Kollegen mit Kaffee die dritte Tasse auf den unteren zwei, die er in beiden Händen hält, eine kurze sportliche Einlage mit Adrenalinstoß ob des Risikos. Und auf einmal kommt ihm eine völlig neue Entwurfsidee für die Konstruktion der Balkone.

Es ist, zugegeben, ein grob vereinfachendes Beispiel – aber es deckt immer noch den Kern. Die spielerische Haltung sorgt auch für das kurze Abgelenktsein, die Lust, Neues auszuprobieren. Und diese Leichtigkeit im Denken macht es dann auch möglich, Zusammenhänge zu konstruieren, die man davor sich nie ausgedacht hätte.

Fazit

Wenn wir nicht spielen, bleiben wir in unserem Denken (zu) nah an dem dran, was wir bereits kennen. Das führt kaum zu Erneuerungen, sondern zu immer weiteren Varianten von ein und demselben. Erst beim Spielen entdecken wir neue Möglichkeiten, können anfangen, an diese zu glauben, und sie auch realisieren. Man könnte also sagen: Wenn wir aufhören zu spielen, dann merken wir das nicht schon nach einem Tag, aber langfristig nimmt unsere Fähigkeit ab, neue Dinge zu entdecken und sich anderen gegenüber adäquat zu verhalten. Wir haben weniger Ideen, sind weniger optimistisch, unser Gehirn entwickelt sich weniger schnell weiter und kann im Extremfall sogar verkalken. Letztlich bedeutet das: Nicht spielen schadet unserer Gesundheit.

Dürfen nur Kinder spielen?

Obwohl Spielen, wie weiter vorn bereits erörtert, ein menschliches Grundbedürfnis ist, verbinden die meisten Menschen Spielen zunächst und in erster Linie mit Kindern oder der eigenen Kindheit, und auch die wissenschaftliche Forschung konzentriert sich vorwiegend auf Kinder. Daraus ergibt sich allerdings nicht automatisch die Annahme, dass Spielen ab einem bestimmten Alter nicht mehr wirkt und daher für Erwachsene nicht sinnvoll ist. Dennoch sind positive Assoziationen zum Thema Spielen in Verbindung mit Erwachsenen eher selten. Daraus ergeben sich folgende Fragen:

→ Warum ist das eigentlich so?

→ Warum hören die Menschen mit dem Spielen auf, wenn sie älter werden?

→ Wie könnte Spielen im Arbeitsalltag aussehen?

Kaum jemand wird bezweifeln, dass Kinder möglichst viel spielen sollten und dass es überhaupt nicht schlimm ist, wenn Kinder den ganzen Tag nur gespielt haben. Vielen Erwachsenen wird es beim Zusehen ganz warm ums Herz, und sie amüsieren sich köstlich über die neuesten unmöglichen Ideen und die Kreativität der Kleinen. Nicht wenige lassen sich sogar anstecken und spielen mit. Ebenso ist für fast alle Menschen die eigene Kindheit, also die Zeit, in der sie hauptsächlich gespielt haben, die glücklichste in ihrem Leben. Sie ist etwas, an das die meisten von uns sich deswegen gerne erinnern. Freiheit, Freude, Spaß, Freundschaften, Lernen, Entdecken — all das kommt im Spiel zusammen.

Nicht umsonst ist die Kindheit auch eine Zeit der ungeahnten Entwicklung. Der Mensch lernt nie mehr so viel in so kurzer Zeit wie in seinen ersten Lebensjahren. Jeden Tag definieren Kinder im Spiel ihre Grenzen neu, probieren aus, erfahren sich selbst, und das Spielfeld, auf dem sie sich bewegen, wird dabei immer größer.

Die Kinder werden älter und spielen immer weniger, bis sie irgendwann ganz oder so gut wie ganz damit aufhören. Freiheit, Freude, Spaß, Freundschaften, Lernen, Entdecken – alle Eigenschaften, die das kindliche Spielen ausmachen, sind durchaus auch für die meisten Erwachsenen wichtig. Nur denkt kaum einer von ihnen dabei noch ans Spielen.

Der Ernst des Lebens

Der britische Pädagoge Sir Ken Robinson führt in seiner Rede mit dem Titel »Why schools kill creativity« die Tatsache, dass Kinder mit zunehmendem Alter immer weniger kreativ denken können, auf den Schulbesuch zurück. Er beschreibt eine langjährige Studie unter Kindern, Jugendlichen und Erwachsenen über das divergierende Denken – das sind Ideen, die sich außerhalb des zu Erwartenden bewegen und wirklich neu sind – mit einem erstaunlichen Ergebnis. Die Fähigkeit zum divergierenden Denken gilt als eine der Grundlagen für Kreativität.

Die Studienleiter stellten den Probanden die Frage, wie viele verschiedene Funktionsweisen sie sich für eine Büroklammer vorstellen könnten. Die meisten Menschen kommen bei dieser Frage auf knapp zehn bis 20 verschiedene Nutzungsmöglichkeiten, die alle mehr oder weniger kreativ sind. Die Spitzenreiter des divergierenden Denkens hingegen entwickeln ohne Probleme 200 und mehr Ideen. Für sie ist es nämlich durchaus im Rahmen des Vorstellbaren, dass die Büroklammer auch zehn Meter hoch oder aus Schaumstoff gefertigt sein könnte.

In ihrem Test untersuchten die Wissenschaftler also, wie viele Funktionen die Befragten sich für eine Büroklammer insgesamt ausdenken konnten. Jene Teilnehmer, die über eine bestimmte Anzahl von Ideen hinauskamen, galten als Genies im divergierenden Denken. Das Ergebnis sah folgendermaßen aus:

Anzahl der Genies im divergierenden Denken unter den Probanden

Kinder im Kindergartenalter	98 Prozent
Kinder zwischen acht und zehn Jahren	32 Prozent
Teenager zwischen 13 und 17 Jahren	10 Prozent
Erwachsene	2 Prozent

Schule, so wie sie heute in den meisten Ländern gestaltet wird, folgert Ken Robinson aus diesen Zahlen, lässt die Kreativität verkümmern.

Ich bin zwar der Überzeugung, dass seine Schlussfolgerungen etwas zu radikal und absolut sind, stimme mit ihm jedoch überein, dass die Schule häufig der Grund dafür ist, dass Kinder immer weniger spielen. Und ich glaube, dass der Rückgang in der Fähigkeit zum divergierenden Denken mit der abnehmenden Spielintensität von älter werdenden Kindern sehr viel zu tun hat. Und so ist es nicht verwunderlich, dass Kinder viel kreativer sind als Erwachsene.

Nun könnte man das alles nicht weiter schlimm finden, schließlich lernen Kinder in der Schule dafür viele andere nützliche Dinge fürs Leben. Die 1.541 Unternehmenschefs und Direktoren nicht kommerzieller Organisationen aus 60 Ländern und 33 Branchen, welche die international in der Informationstechnologie agierende Firma IBM zwischen September 2009 und Januar 2010 befragte, waren da jedoch anderer Meinung.

Gefragt nach der wichtigsten Führungsqualität für das erfolgreiche Bestehen in einer immer komplexeren Welt, nannten die Entscheider nicht etwa wie erwartet Durchsetzungsfähigkeit, globales oder visionäres Denken, Disziplin oder Integrität, sondern Kreativität an erster Stelle. Damit meinten sie just jenes Abweichen von ausgetretenen Pfaden, das Durchbrechen des Status quo sowie die völlige Neudefinition bestehender Regeln, durch die sich Genies im divergierenden Denken auszeichnen. Weltweit, so lautete die Auffassung der interviewten Führungskräfte, gehe es nicht mehr um die Verbesserung dessen, was mehrheitlich bereits gut beherrscht wird, sondern um die radikale Neuerfindung dessen, wie die Menschen heutzutage arbeiten und leben.

Wie soll das gehen ohne eine spielerische Komponente?

Zusammenfassend lässt sich sagen, dass heranwachsende Kinder immer weniger spielen, weil sie in der Schule, die auf andere Dinge Wert legt, davon abgebracht werden. Die Aufmerksamkeit richtet sich zunehmend auf den Unterrichtsstoff und damit auf abstraktes Wissen. Es wird mit jedem Jahr mehr von den jungen Menschen erwartet, der Druck steigt, sie werden beurteilt und zu immer höheren Leistungen animiert. Das Lernen hebt sich ab vom aktiven Tun, und die Kinder haben genug damit zu tun, sich auf den Spielfeldern zu bewegen, die ihnen von anderen (den Lehrern, den Eltern) vorgegeben werden.

Spielen nimmt mit zunehmendem Alter immer weniger Platz im Leben eines Menschen ein.

Bevor sie eingeschult werden, lernen Kinder oft spielerisch eine oder mehrere Sprachen, ein paar Buchstaben und manchmal sogar auch ein bisschen rechnen. Sie lernen, sich in der Welt zurechtzufinden, sie werden mit einigen Grundlagen der Physik und der Biologie vertraut und sie erfahren Wichtiges über die Welt. Nicht zu vergessen ist die Entwicklung ihrer motorischen Fähigkeiten. Für einen Zeitraum von gerade mal sechs Jahren ist das eine beachtliche Leistung.

Mit sechs oder sieben, häufig sogar schon mit fünf Jahren, kommen sie dann in die Schule, wo sie nach heutigem Wissensstand am besten lernen, indem sie sich auf Schulfächer, Bücher und abstraktes Wissen konzentrieren. Das ist nach meinem Dafürhalten nicht unbedingt logisch, wie die Entwicklungssprünge, die sie in den Jahren davor gemacht haben, anschaulich dokumentieren.

Dies ist gewiss kein Plädoyer dafür, die Schulen abzuschaffen, und ich will auch keineswegs behaupten, dass abstraktes Wissen an sich schlecht ist. Ich möchte vielmehr daran appellieren, Spielen nicht als Restzeitfüller, sondern als integralen Bestandteil unseres Seins zu sehen. In jenen Momenten oder Unterrichtsfächern, in denen genau dies in der Schule praktiziert wird — etwa bei allen möglichen spielerischen Lernformen —, ist die positive Wirkung unübersehbar.

Spielen nur als Freizeitspaß?

Spielen wird also mit dem Übergang von der Kindheit zum Erwachsenendasein mehr und mehr zum Zeitvertreib und damit zu einer Aktivität, die getrennt vom (Arbeits)Alltag stattfindet. Während Kleinkinder sich hauptsächlich über das Spielen definieren, da es sie ausmacht, sie sich darin entdecken und verwirklichen, entwickelt es sich irgendwann zu etwas, das ältere Kinder nur noch dann tun, wenn sie nicht mit der Schule, den Hausaufgaben oder anderen zu erfüllenden Pflichten beschäftigt sind. Erwachsene hingegen spielen so gut wie ausschließlich in ihrer Freizeit, und selbst da eher selten. Im Arbeitsumfeld dagegen ist Spielen nach wie vor nicht anerkannt. Wie oft hört man Eltern Sätze sagen wie: »Erst machst du die Schularbeiten fertig, danach darfst du spielen«, die genau diese Trennung zwischen Arbeit und Spiel beinhalten. Gleiches gilt für den gerne zitierten Satz: »Erst die Arbeit, dann das Vergnügen.« Wer sagt, dass man beides nicht auch verbinden darf?

Kinder hören also deshalb irgendwann mit dem Spielen auf, weil es sich im Laufe der Jahre, während denen sie heranwachsen, zu einer absonderlichen Aktivität und damit zu etwas entwickelt, das sie nur noch dann tun, wenn Zeit dafür übrig ist. Wenn dann aus Jugendlichen Erwachsene werden, wird die Restzeit zum Spielen immer geringer, denn es gibt immer mehr andere »wichtige« Dinge zu tun und Aufgaben zu erfüllen. Die Erwachsenen sieht man dann kaum noch spielen, es ist Ausnahme geworden, nicht mehr die Regel. Und da Jugendliche nun mal gerne möglichst schnell erwachsen sein wollen, gewöhnen sie sich das Spielen eher früher als später ab.

Fazit:
Spielen fördert die soziale und emotionale Intelligenz und Kompetenzen – bei Kindern wie bei Erwachsenen. Darüber hinaus fördert es die Verbindung von scheinbar nicht zusammenhängenden Informationen im Gehirn und schafft so eine der Grundlagen für Kreativität. Denn neue Ideen entstehen immer dann, wenn Dinge neu kombiniert und von einer anderen Warte aus betrachtet werden.

Kurz und prägnant

→ Spielen ist beinahe so alt wie die Menschheit und weiter verbreitet, als man denkt – auch Erwachsene spielen und nicht nur Kinder.

→ Spielen hat eine wichtige evolutionäre Funktion, denn es ist die Grundlage für die Entwicklung von sozialer und emotionaler Intelligenz.

→ Auch die moderne Hirnforschung stellt eine Verbindung her zwischen spielerischer Aktivität und der Entwicklung jener Hirnregionen, die für soziale und emotionale Intelligenz sowie für die Entscheidungsfindung verantwortlich sind.

→ Spielen ist für das reibungslose Funktionieren der grauen Zellen ähnlich wichtig wie Schlaf.

→ Es wird vermutet, dass sich Kinder durch die Art, wie Schule heutzutage organisiert ist, mit zunehmendem Alter ihre anfangs sehr ausgeprägte spielerische Haltung mehr und mehr abgewöhnen – auf Kosten ihrer Fähigkeit, kreativ zu denken.

II
Die sechs
Spielfaktoren

In der Einleitung schrieb ich über die Suche von meinen Kollegen und mir nach neuen Ideen dafür, wie man das Handeln von Menschen beeinflussen kann. Dabei entdeckten wir Spielen als produktive Perspektive. Und beschlossen dann – wie sonst? – uns dem Thema spielerisch zu nähern.

Das hieß für uns: Ausprobieren, experimentieren, wie wir gemeinsam mit unseren Kunden durch den Einsatz von spielerischen Elementen aktuelle Fragestellungen auf eine andere Art und Weise angehen könnten. Parallel dazu dachten wir immer wieder auch theoretisch darüber nach, warum gewisse Methoden funktionieren und andere nicht.

Aus diesen Experimenten und Erfahrungen haben sich die sechs Spielfaktoren ergeben, die man alle als einzelne Aspekte des Spielens betrachten kann. Gleichermaßen sind sie wie Groschen, die erst fallen müssen, wenn man seine Arbeit spielerisch angehen will. Diese sechs Faktoren sind alle eng miteinander verbunden, teilweise überlappen sie einander sogar.

Sicherlich hätte ich in diesem Buch auch fünf, sieben oder zehn Prinzipien definieren können. Ich habe mich bewusst für diese sechs entschieden, weil jedes von ihnen eine weit verbreitete Grundannahme des modernen Arbeitsalltags infrage stellt. Und weil jeder dieser sechs Faktoren, selbst wenn nur er alleine und sonst keiner zum tragen kommen sollte, bereits spürbare positive Auswirkungen hat. Welchen Faktor man auch ausprobiert – er wird den jeweiligen Anwender, und andere, in Bewegung bringen.

1 Spielen ist immer freiwillig

Warum Türen abschließen keine Lösung ist

Es ist 8.58 Uhr an einem zwar sonnigen, aber kalten Dezembermorgen in St. Petersburg. Vor den Fenstern des Konferenzraumes in dem eleganten Tagungshotel ist die Ostsee zu sehen. Im großen Saal haben sich knapp 400 Vertreter und deren Chefs zu einer zweitägigen Konferenz versammelt. Es geht um eine neue Strategie und damit um die Zukunft der Firma – ein Treffen, wie es unzählige Vertreter aus den unterschiedlichsten Branchen alljährlich erleben.

Die Firma handelt in Konsumgütern, also jenen Artikeln, die zum Beispiel in Supermärkten, Kiosken und Tankstellen verkauft werden. Ich bin als Berater engagiert, soll die Organisation kennenlernen und betrete als Letzter den Saal. Die zuvorkommenden Hostessen lächeln mich an, ziehen die Türen hinter mir zu – und verriegeln sie.

»Was machen Sie denn da?«, frage ich eine der Damen konsterniert.

»Wir schließen die Türen ab!«, gibt sie zurück, als ob es die natürlichste Sache der Welt wäre.

»Das sehe ich«, antworte ich leicht amüsiert, »aber was ist der Grund dafür?«

Sie schüttelt den Kopf, als hätte ich etwas Ungebührliches gefragt. »Na, ganz einfach. So sorgen wir dafür, dass alle Teilnehmer während der Veranstaltung auch im Saal bleiben. Andernfalls könnten sie ja zwischendurch davonlaufen, wenn ihnen langweilig wird.«

Die Logik ist bestechend. Und wohlbegründet.

Denn während der nun folgenden vierstündigen Präsentation, die nach zwei Stunden immerhin durch eine kurze Pause unterbrochen wird, auf die noch einmal zwei Stunden Programm folgen, ehe das Mittagessen serviert wird, sehe ich mich immer wieder aufmerksam um und beobachte die Umsitzenden. Sie wirken alles andere als gebannt von den Vorträgen und scheinen auch nicht gerade aufmerksam zuzuhören. Manche unterhalten sich leise, andere spielen mit ihren Handys oder kritzeln auf ihren Notizblöcken herum. Nur wenige schreiben mit, und kein einziger Teilnehmer stellt eine interessierte Frage. Auch sonst sind so gut wie keine Anzeichen zu erkennen, dass das, was die Redner da von sich geben, bei den Zuhörern auch tatsächlich ankommt. In der ersten Pause unterhalte ich mich mit dem Chef des Unternehmens:

»Ich habe mitbekommen, dass Sie die Türen abschließen lassen«, spreche ich ihn unverblümt an. »Ein interessanter Ansatz.«

Er nickt, völlig überzeugt von dem, was er da tut. »Ja«, erklärt er mir, »wir haben oft genug erlebt, dass die Teilnehmer während der Präsentationen den Saal verlassen. Das wollen wir vermeiden.«

Ich beschließe, ihn ein wenig auf die Schippe zu nehmen, um ihn herauszufordern. »Das wäre doch mal eine gute Idee für eine große Marketingaktion. Sie schließen die Kunden der von Ihnen belieferten Supermärkte einfach so lange in den Läden ein, bis sie alle nur noch Ihre Produkte kaufen.«

Der Chef läuft etwas rot an, räuspert sich – und muss schließlich lachen. »Eins zu null für Sie«, sagt er. »Allerdings können Sie die beiden Situationen nicht vergleichen. Wir sind schließlich zum Arbeiten und nicht zum Spaß hier.«

Ich gehe noch einen Schritt weiter: »Ach so, und für Ihre eigenen Mitarbeiter müssen Sie sich nicht bemühen, die Veranstaltung so zu gestalten, dass die Leute freiwillig bleiben?«

»Nein«, sagt er ziemlich verständnislos, »wir bezahlen sie schließlich dafür.«

Ehe ich noch etwas erwidern kann, werden wir zurück auf unsere Plätze gebeten, und die freundlichen Hostessen verschließen erneut die Türen, für die nächsten zwei Stunden.

Dass die Redner mit ihren Vorträgen und Präsentationen die Vertreter nicht wirklich erreichen und dass die Veranstaltung ihren Zweck nicht in dem Maße erfüllt, wie es sich die Unternehmensleitung erhofft hatte, ist dann kein Wunder.

Das Arbeitsumfeld – eine spaßfreie Zone?

Der Weg von St. Petersburg nach Deutschland mag auf den ersten Blick sehr weit erscheinen. Die meisten Büros hierzulande werden auch nicht pünktlich um 09.00 Uhr hinter den eingetroffenen Mitarbeitern abgeschlossen. Und dennoch finden sich einige Parallelen. Für viele Menschen ist Arbeit gleichbedeutend mit Mühe und Anstrengung, und das Gehalt wird oft genug als Entschädigung dafür gesehen, dass man seine Zeit nicht selbstbestimmt ausfüllen darf, sondern dass man leidet, während man sich sogenannten Sachzwängen unterwirft.

Arbeit und Spaß lassen sich nur für die wenigsten Menschen vereinen. Für die meisten bedeutet Arbeit Anstrengung, Frust und Ärger.

Im Amerikanischen heißt Gehalt »compensation« – und das Wort allein beinhaltet, dass der Arbeitende für etwas »entschädigt« werden muss. Auch Manager neigen oft zu der Auffassung, das Gehalt sei eine Art Ausgleich, und verlangen alles Mögliche und Unmögliche von ihren Mitarbeitern oder benehmen sich gar daneben. Frei nach dem Motto: Die Leute werden schließlich dafür bezahlt, dies alles zu ertragen.

Es ist erstaunlich, wie weit verbreitet diese Denkweise ist – sowohl aufseiten der Manager und Führungsebene als auch auf der Seite der Angestellten. Nicht wenige erdulden die vielen kleinen und großen Ärgernisse des Arbeitsalltags resigniert, da sie der Meinung sind, daran sowieso nichts ändern zu können. Solange die Bezahlung stimmt, sind die meisten Menschen bereit, einiges in Kauf zu nehmen.

Nur leider denken die Beteiligten dabei oft zu kurz. Der Abteilungsleiter, der die Aufgaben und Projekte delegiert, ordnet im Zweifel einfach an, statt das Gespräch mit seinen Mitarbeitern zu suchen, und macht sich wenig bis gar keine Mühe, das Betriebsklima angenehm zu gestalten oder seinen Leuten die anstehenden Projekte schmackhaft zu machen. Schließlich werden die Angestellten per Gehalt für ihre Anstrengungen entschädigt. Auch der Arbeitnehmer kommt nicht auf die Idee, an der Situation etwas ändern zu wollen, schließlich war es schon immer so.

All das ist genau das Gegenteil von spielerischem Denken. Spielen zeichnet sich dadurch aus, dass es Spaß macht und interessant ist, und nicht dadurch, dass die Spielenden damit etwas erreichen wollen. Gerade durch diese scheinbare Ziellosigkeit stellen sich die außergewöhnlichsten und überraschendsten Resultate ein. Das mag erst mal wie ein Gegensatz klingen, lässt sich aber gut zusammenbringen. Man muß es nur versuchen (wollen).

> **Spielen ist immer freiwillig. Es geschieht nie unter Zwang oder durch Druck oder weil man ein bestimmtes Ziel verfolgt.**

Wer andere Menschen in ihrem Handeln beeinflussen will und sich dabei vom Spielen inspirieren lässt, für den lautet die erste Lektion: Wie kann ich das gewünschte Handeln *an sich* attraktiv machen?

Indem man vom Spielen lernt, dessen vier Basiszutaten sich problemlos auf die Arbeit anwenden lassen. Sie lauten:

→ Spielen macht Spaß.

→ Spielen berührt die Ästhetik.

→ Spielen ist spannend.

→ Spielen stellt eine Verbindung zu anderen Menschen her.

Wenn man als Projektleiter bei der Arbeitsbesprechung nun also dafür sorgt, dass zu verteilenden Aufgaben genau diese Charakteristiken haben, dann erhöht man die Chancen dramatisch, dass sie schneller und bereitwilliger erfüllt werden. Nebenbei sorgt man auch noch dafür, dass die Kollegen völlig andere, deutlich bessere Resultate erzielen – denn alles, was Menschen freiwillig und mit Hingabe tun, das tun sie im Allgemeinen nicht nur viel lieber, sondern auch besser.

Mit Spiel und Spaß zum Erfolg

Die Tatsache, dass Spaß und Ästhetik im Endeffekt für mehr neue Ideen, Bewegung und damit letztendlich für Erfolg sorgen, lässt sich immer wieder in allen möglichen Branchen und Unternehmen beobachten.

Genau dies – oder vielmehr das Gegenteil davon – ist zum Beispiel ein Hauptgrund für die sich beständig verschlechternde Position von Microsoft Windows im Computermarkt. Als vor Jahren das alternative Betriebssystem Linux eingeführt wurde, schien die Gleichung noch einfach: Auf der einen Seite stand der Großkonzern, der mit beinahe unbegrenzten Finanzmitteln und einer Heerschar an bezahlten Arbeitnehmern tagtäglich an der Verbesserung von Windows arbeitete. Auf der anderen Seite stand ein loses Netzwerk von Ehrenamtlichen, die aus purer Lust und Spaß an der Freude einen Teil des Betriebssystems Linux entwarfen oder verbesserten – für die ehrenvolle Erwähnung ihres Namens als einzige Gegenleistung.

Allein bei diesen Größenverhältnissen, so mag man vorschnell denken, musste Linux zwangsläufig das Nachsehen haben.

Doch der Schein trügt. Linux stellt zwar, was den Marktanteil betrifft, noch immer keine große Bedrohung für Windows dar, aber es gilt zweifelsfrei als das bessere und stabilere System von beiden. Während bei Microsoft für die Entwicklung einer neuen Version des Betriebssystems oft mehrere Monate ins Land gehen, schafft Linux das Ganze in nur wenigen Wochen. Der Spaß am Tüfteln schlägt die bezahlte Leistung.

Auch der andere große Konkurrent von Microsoft passt in dieses Bild. Apple setzt von jeher auf Schönheit und kompromissloses Design, womit das kalifornische Unternehmen eine ganze Schar von Fans um sich gesammelt hat, die andere Menschen von der Qualität der als stylisch geltenden Produkte überzeugen. Wer könnte sich bessere und günstigere Werbung vorstellen? Aber die Fans machen noch mehr. Wie bei Linux stellen sie alle möglichen Hilfsprogramme und technische Tipps ins Internet. Gratis. Weil es ihnen Spaß macht. Weil Schönheit sie inspiriert.

Spaß und Schönheit inspirieren

Menschen zu außergewöhnlichen Leistungen.

Die oben genannten Beispiele illustrieren das erste Basisprinzip des Spielfaktors in der Realität. Wenn ein Firmenchef Menschen, die kreativ sind, neue Ideen haben und sich mit all ihrer Energie für ein Ziel einsetzen, dafür ordnungsgemäß bezahlt, darf er selbstverständlich erwarten, dass sie ihre Pflicht tun und ihre Aufgaben ordnungsgemäß erledigen – aber auch nicht viel mehr. Wenn ein Firmenchef dagegen dafür sorgt, dass die Arbeit und die Tätigkeiten, die zu erledigen sind, für seine Mitarbeiter attraktiv sind, dann sind deren Kreativität und Einsatz oft keine Grenzen gesetzt – und damit ist alles möglich.

Freude als Verführer

In Schweden hat eine Gruppe von Marketingexperten ausprobiert, ob und wie sie Menschen dazu verführen kann, anders zu handeln als bisher, allein indem sie dafür sorgte, dass die gewünschte Aktivität Spaß macht. Dabei ging es um ganz simple Dinge wie die Aufforderung »Nehmen Sie doch mal die Treppe anstelle der Rolltreppe« oder die Bitte »Werfen Sie Ihren Abfall im Park doch bitte in den Abfalleimer und nicht auf den Rasen« und dergleichen. Das Team dachte sich einige Experimente aus, in denen der Spaß eine zentrale Rolle einnahm, filmte das Ergebnis und stellte die Beiträge unter dem Namen »The Fun Theory« ins Internet.

Die Filme waren innerhalb kürzester Zeit ein Hit und wurden inzwischen fast 15 Millionen Mal aufgerufen. In einem Filmbeitrag sind die Roll- und die normale Treppe am Ausgang einer U-Bahn-Station nebeneinander zu sehen. Normalerweise nehmen fast alle Menschen die Rolltreppe, nur wenige laufen die Stufen hoch. Doch dann lassen die Experten über Nacht die Treppenstufen zu einer Klaviertastatur umbauen. Sobald nun jemand auf eine der Stufen tritt, erklingt jeweils ein anderer Ton, und beim Hochlaufen der Treppe ist die komplette Tonleiter zu hören. Als die Pendler am nächsten Morgen das Klavier entdecken, ist ihre Neugier und Spielfreude geweckt — und ganz 66 Prozent mehr Menschen als sonst nehmen die normale Treppe. Weil es Spaß macht.

Durch Spaß kann man unattraktive Tätigkeiten attraktiv machen.

Im herkömmlichen Denken würde man ganz anders an das Klavier-Experiment herangehen: Da es zweifelsohne anstrengender ist, die Treppe zu benutzen, als mit der Rolltreppe nach oben zu fahren, werden die meisten Menschen die Treppe nur dann benutzen, wenn sie müssen. Eine Treppennutzung von 100 Prozent ließe sich dann nur realisieren, indem man die Rolltreppe sperrt. Ziel erreicht, könnte man meinen. Nur holt man damit all jene U-Bahn-Reisenden nicht ab, die über die gesperrte Rolltreppe schimpfen und die Treppenstufen widerwillig emporlaufen. Die

Klaviertreppe hingegen gehen genau dieselben Leute freiwillig hinauf und äußern sich hinterher auch noch begeistert darüber. Zwar scheint das messbare Resultat dasselbe – viel höhere Treppennutzung – doch die Art, wie dieses Ziel erreicht wurde, mit Zwang und Gezeter, oder mit Spaß und Freude, macht den entscheidenden Unterschied.

Fazit:
Auf den Arbeitsbereich übertragen bedeutet das: Die Freude am Tun ist oftmals der kleine, aber entscheidende Unterschied zwischen langfristiger Bindung und Zufriedenheit, ob nun von Kunden oder von Mitarbeitern, und resignierter Angepasstheit oder Abwendung.

Zwang und Kontrolle sind Spielverderber
Gerade bei Aufgaben oder Tätigkeiten, die an sich nur wenig oder keinen Spaß zu machen scheinen, denken viele Menschen, dass es zu Zwang und Kontrolle als Weg zur Erfüllung der Aufgaben keine Alternative gibt. Oft werden diese Tätigkeiten dann zwar nicht optimal ausgeführt, aber so ist es nun einmal, das zeigt die jahrelange Erfahrung aller Beteiligten. Und so entsteht die Illusion der Wirksamkeit von Kontrolle und Zwang, oder Zuckerbrot und Peitsche.

Die Absurdität dieses Denkansatzes lässt sich am besten dadurch vor Augen führen, indem man ihn aufs Privatleben überträgt.

In eine Familie mit zwei Kleinkindern sind beide Eltern berufstätig, der Vater in Vollzeit, die Mutter in Teilzeit. Die Ehefrau besteht darauf, dass der Vater der Kinder am Samstagvormittag mit den beiden etwas unternimmt, und möchte, dass er mit ihnen auf den großen Spielplatz im nahe gelegenen Park geht. Weil so etwas ohne Zwang nun mal nicht funktioniert, wie die Topmanagerin aus ihrem Arbeitsalltag weiß, informiert sie ihrem Mann am Donnerstagabend mit klaren Worten, welches Programm sie für den Samstagvormittag erstellt hat. Sie habe alles geplant und vorbereitet, erklärt sie ihm ganz stolz auf ihre Vorarbeit, er müsse den Plan nur noch ausführen. Am Samstagvormittag sorgt sie dafür, dass die Kinder zur vorgesehenen Uhrzeit bereitstehen, verfrachtet sie höchstpersönlich ins Auto und winkt noch einmal kurz hinterher. So, das wäre geregelt, denkt sie sich. Nach einer Stunde ruft sie trotzdem noch mal kurz ihren Mann auf dem Handy an, um zu kontrollieren, ob auch alles nach Plan läuft.

Durch Zwang und Kontrolle geht jeglicher Spaß verloren.

Dass der von seiner kontrollwütigen Frau jeglichen Freiraums beraubte Ehemann weder mit großer Begeisterung noch besonders kreativ oder engagiert bei der Sache sein wird, steht außer Frage. Alternativ hätte die Ehefrau auch mit Zuckerbrot und Peitsche arbeiten und ihm ein kühles Bier versprechen können, sofern er sich an alle Vorgaben hält, oder ihm eine Strafe androhen, sollte er es nicht tun. Das Problem dieser Methode ist allerdings, dass sie den Betroffenen zur Berechnung erzieht. Will heißen, der Ehemann macht genau das, was nötig ist, um die Belohnung zu ergattern, und keinen Millimeter mehr.

Auch wenn die geschilderte Situation manchem wie ein Traum vorkommen mag – ich stelle mir ein erfülltes Familienleben anders vor. Und die Kinder sich ihre Eltern wahrscheinlich auch.

Man kann die Absurdität des Denkens in Zwang und Kontrolle oder Zuckerbrot und Peitsche natürlich auch im Wirtschaftskontext erkennen.

Der Eigentümer eines kleinen Supermarktes auf dem Land will seinen Umsatz steigern und dafür sorgen, dass die einzelnen Kunden pro Einkauf mehr Geld ausgeben. Die Zwang-und-Kontrolle-Methode sähe dann so aus: Der Besitzer hängt überall im Laden Poster auf, denen zu entnehmen ist, dass der Mindestumsatz ab sofort 30 Euro betrage. Vor der Kasse finden sich Produkte verschiedener Preiskategorien, welche die Kunden nutzen können, um ihren Einkauf so zu ergänzen, dass sie die vorgeschriebenen 30 Euro erreichen. Wer nicht genügend Produkte beisammen hat, muss noch einmal zurück in den Laden. So auf die Spitze getrieben, klingt diese Methode – zu Recht – völlig absurd.

Die Zuckerbrot-Strategie ist da schon deutlich weiter verbreitet: Der Ladenbesitzer verspricht seinen Kunden einen Rabatt von zehn Prozent auf den kompletten Einkauf, sobald sie über 30 Euro ausgeben. Diese Methode wird wahrscheinlich sogar funktionieren, bis eines Tages ein Konkurrent einen höheren Rabatt bietet. Den kann der Supermarktbesitzer dann selbst wieder überbieten – und so seine Kunden immer mehr zu Schnäppchenjägern erziehen.

Dauerhaften Erfolg erzielt man nur, wenn Zwang und Regulierung durch Spaß und Freude am Tun ersetzt werden.

Unser Supermarktchef könnte natürlich auch regelmäßig die Türen seines Ladens zuschließen, bis die anwesenden Kunden so hungrig sind, dass sie den Laden leer kaufen. Womit wir wieder bei der St.-Petersburg-Lösung wären.

Und wie sähe ein spielerischer Ansatz aus? – Der wird in der Praxis übrigens am häufigsten angewendet, weil er am besten funktioniert. Er fängt damit an, dass der Supermarktbesitzer sich Gedanken darüber macht, wie er seinen Laden und damit das Einkaufserlebnis attraktiver gestalten könnte. Nachdem er ausreichend Ideen gesammelt hat, richtet er seine Räume schöner ein, sorgt für mehr Übersicht, stellt freundlichere Mitarbeiter ein und erhöht den Service für die Kunden. Und macht so seinen Laden unwiderstehlich.

Mehr Mut zum Erfolg

Im Arbeitsalltag sind die in den oben geschilderten Beispielen absurd erscheinenden Verhaltensstrategien oft Normalität und werden von Vorgesetzten wie von Untergebenen gleichermaßen akzeptiert und als selbstverständlich angesehen, ohne sie je infrage zu stellen. Jeder Freund, Ehepartner oder Kunde, dem man mit Zwang oder Kontrolle begegnet, wird sich gegen die Einmischung wehren, sich zurückziehen oder »Ja« sagen und »Nein« tun. Jeder Freund, Ehepartner oder Kunde, dem man Zuckerbrot und Peitsche anbietet, wird berechnend agieren und immer nur das Nötigste tun.

Menschen, die spielerisch denken, geben sich weder mit einem »Nein« noch mit dem Nötigsten zufrieden. Sie probieren vielmehr, in allem den Spaß und die Freude zu sehen, die darin stecken. Und genau das machen sie sich dann zunutze.

Dass dies sogar in Arbeitsfeldern funktioniert, die auf den ersten Blick so unattraktiv wirken, dass kein Mensch auf die Idee käme, sie mit Spaß zu verbinden, zeigt das folgende Beispiel.

Vor einigen Jahren arbeiteten wir mit einer Gruppe von Zugmechanikern, deren Aufgabe es war, kaputte Waggons im Eisenbahnausbesserungswerk zu reparieren. Jedes Mal, wenn ein neuer Zugtyp eingeführt wird – während unseres Einsatzes war das ein neuer Doppeldecker –, müssen die Mechaniker dessen Funktionsweise in allen Einzelheiten erlernen, damit sie die möglichen Defekte erkennen und reparieren können. Bisher hatte man den Mechanikern das Nötige stets innerhalb einer Woche beizubringen versucht: in einem Seminar. Die Mechaniker waren zu fünf Tagen Schulbankdrücken verdonnert, wo ihnen mehrere Ingenieure in zwei Vorlesungsblöcken pro Tag den neuen Doppeldecker erklärten. Die Schulungswochen waren nicht nur sehr unbeliebt, sondern kosteten auch viel Zeit. Nicht zuletzt blieb auch nicht besonders viel hängen von dem im Schnelldurchlauf präsentierten Lehrstoff. Immer wieder meldeten sich einzelne Teilnehmer ausgerechnet während der Seminarwoche krank, andere schliefen während der Vorlesungen oder versuchten sich anderweitig Freiräume zu nehmen.

Das dies so passiert, ist an sich natürlich nicht weiter erstaunlich, denn Mechaniker haben ihren Beruf in aller Regel nicht deshalb ergriffen, weil sie so gerne theoretischen Exkursen zuhören.

Man kann Menschen nicht zwingen, etwas zu tun, wenn man ein gutes Ergebnis erzielen will, geht das nur über Motivation und Freiwilligkeit.

Wer in so einer Situation denkt: Die Mechaniker müssen da nun mal durch, schließlich gibt es keine andere Möglichkeit, ihnen den neuen Zugtyp nahezubringen, der wird nicht viel weiter kommen als ein bißchen Mitleid mit den Mechanikern zu haben oder zu überlegen, ob sich der

Lehrstoff auch in vier statt fünf Tagen vermitteln ließe, um die Leidenszeit der Männer zu verkürzen.

Wer in so einer Situation spielerisch denkt, der geht auf die Suche nach dem möglichen Spaß – etwa indem er sich fragt, wie er es anstellen kann, dass den Mechanikern die Aneignung des Fachwissens über den neuen Doppeldecker so viel Freude bereitet, dass sie sich geradezu darum reißen werden, an dem Angebot teilzunehmen.

Ganz oft ist eine solche Frage schon dadurch gelöst, indem man sie stellt. Das Schwierige an diesem Aspekt des spielerischen Denkens ist nicht die Frage, wie sich das gewünschte Handeln attraktiver gestalten lässt. Das Schwierige daran ist vielmehr, sich zu trauen, an so etwas Arbeitsfremdes wie Spaß zu denken, während alle anderen Beteiligten noch im Da-müssen-wir-nun-mal-durch-Modus stecken. Wer es dennoch wagt, der kommt schnell auf neue Ideen – und damit auf kreative Lösungen.

Und wer selbst keine Ideen hat, sollte nicht davor zurückschrecken, die Leute zu fragen, um die es geht. »Was macht Ihnen eigentlich an Ihrer Arbeit Spaß?«, lautet eine der aufschlussreichsten Fragen, die man Menschen, von denen man etwas will, stellen kann.

Die Mechaniker des Eisenbahnausbesserungswerks antworteten auf diese vermeintlich heikle Frage unisono: »Am meisten Spaß haben wir, wenn wir an den Waggons herumschrauben und auf der Suche nach einer Lösung für ein kompliziertes Problem verschiedene Dinge ausprobieren.«

Mit dieser Antwort war die Basis für eine überaus erfolgreiche Neugestaltung des Schulungsprogramms geschaffen. Denn das nächste Seminar fand nicht wie bisher als einwöchige Veranstaltung für die ganze Gruppe statt, sondern im Ausbesserungswerk. Jeweils zwei Mechaniker wurden für einen Tag eingeladen, einen der neuen Doppeldecker gleich in

»Was macht Ihnen eigentlich

Spaß?«

ist eine der

aufschlußreichsten Fragen.

der Praxis kennenzulernen und sich all seine Funktionen anzueignen. Als sie am Morgen wie vereinbart zur Schulung erschienen, warteten zwei vom Waggonhersteller bereits ausgebildete Kollegen und der Schulungsleiter auf die beiden.

Der Leiter begrüßte die Mechaniker, zeigte erst auf den Doppeldecker, dann auf das bereitliegende Handbuch, und sagte lediglich: »Dieser Zug hier ist kaputt. Eure Aufgabe ist es, ihn zu reparieren. Wenn ihr Hilfe braucht, könnt ihr ins Handbuch schauen oder eure Kollegen fragen, die sich bereits damit auskennen. Und nun viel Spaß bei der Arbeit.«

Der bereitstehende Doppeldecker war so präpariert worden, dass sich die beiden Mechaniker bei der Behebung der Fehler mit allen relevanten Aspekten der neuen Technologie dieses Zugtyps beschäftigen mussten. Das fing bereits mit den verschlossenen Türen an, denn allein um sich Zugang zu den einzelnen Teilen zu schaffen, mussten die Mechaniker schon tüfteln. So wurde der ganze Tag zum Abenteuer, und sie hatten zwischendurch immer wieder Erfolgserlebnisse, sobald sie einen weiteren Fehler behoben hatten.

Wenn Menschen mit Spaß an eine Aufgabe herangehen, erhöht das ihre Motivation, und es entwickelt sich eine Eigendynamik, die wie von selbst für bessere Leistungen sorgt.

Am Ende machte der Seminartag allen Beteiligten so viel Spaß, dass sich die Mechaniker beim nächsten Mal darum rissen, wer anfangen durfte. Bald wurden auch Wetten abgeschlossen, welches Team welchen Fehler am schnellsten beheben konnte. Man arbeitete auf Zeit, was die Männer zusätzlich anspornte.

Im Endeffekt lernten die Mechaniker an einem Tag, was sie davor in fünf Tagen Schulung nicht gelernt hatten. Kosten wurden gespart. Alle Beteiligten waren motiviert.

Weil man Anordnungen durch Spaß ersetzt hatte.

Fazit:

Viele Menschen sind wahre Meister darin, auch in auf den ersten Blick unangenehmen Tätigkeiten den darin verborgenen Spaß zu erkennen. Das ist kein Hexenwerk – und studieren muss man dazu auch nicht. Es reicht, wenn man sich einfach nur neugierig fragt, was an einer bestimmten Aufgabe attraktiv sein könnte.

Der Frühjahrsputz steht an? Wie wär's mit einem Wettbewerb, wer am schnellsten oder schönsten putzt? Andere wiederum können sich an dem neuesten Staubsaugermodell erfreuen, das den Wohnungsputz zur Wohltat macht. Was spricht dagegen, sich zusammenzutun und beim Fensterputzen den neuesten Promi-Klatsch auszutauschen? Und wie wär's mit lauter Musik? Wer spielt, nimmt die Dinge nicht einfach so, wie sie scheinen. Saubermachen scheint etwas, das keinen Spaß macht, ähnlich wie Treppe steigen. Wer das so hinnimmt, kommt auch auf keine Ideen, wie es anders ginge. Wer allerdings Gefallen daran findet, Spaß zu haben, wo er eigentlich nicht zu sein scheint, bekommt auf einmal unmögliche Dinge geschafft.

Wie schafft man Attraktivität?

Die Kraft der Schönheit

Was für den Spaß gilt, das ist gleichermaßen für all die anderen Aspekte gültig, die für die Attraktivität des Spielens wichtig sind: Ästhetik oder Schönheit, Spannung und das gemeinsame Agieren mit anderen.

Diese »Zutaten« finden sich in unterschiedlicher Zusammensetzung bei fast allen Dingen, die Menschen freiwillig und gerne tun. Filmvorschauen zum Beispiel setzen voll und ganz auf Schönheit (der Story, der Musik, der Atmosphäre) und Spannung. Filmtrailer sollen Spannung erzeugen und so im Zuschauer den Wunsch wecken, den ganzen Film sehen zu wollen. Der Museumsbesuch appelliert an die Ästhetik, der Abend mit guten Freunden an das Gefühl, mit anderen verbunden zu sein.

Ähnlich wie beim Spielen sind viele Menschen allerdings der Ansicht, dass vor allem Schönheit und Ästhetik auf der Arbeit nicht viel verloren haben. Das ist schade! Denn es stimmt ganz und gar nicht.

Mein Kollege Pieterjan van Wijngaarden hat einmal in einem Artikel die unglaubliche Kraft der Schönheit, die genauso effektiv ist wie Spaß bei der Arbeit, treffend auf den Punkt gebracht, als er schrieb: »Sie lädt ein, fasziniert, bewegt – und macht damit attraktiv.«

Schönheit lässt sich nur schwer greifen. Geschmäcker sind bekanntlich verschieden, und was für den einen schön ist, das findet ein anderer garantiert hässlich. Dennoch kann man sich dem Begriff der Schönheit durchaus nähern, ohne dass man den eigenen Geschmack als Maßstab heranzieht. Der italienische Schriftsteller Umberto Eco beschreibt sie als Proportion und Harmonie zwischen einzelnen Elementen. Auch wenn es keine eindeutigen Regeln dafür gibt, was wann genau harmonisch wirkt, spüren die meisten Menschen sofort, wenn bei etwas, zum Beispiel einem Outfit, einer Dekoration oder einem Fest, die einzelnen Elemente nicht zusammenpassen, wenn etwas nicht stimmig ist. Bezogen auf den Spielfaktor schlägt sich Attraktivität meist in Aufmerksamkeit nieder. Die größte Chance, dass etwas schön wird oder gelingt, besteht immer dann, wenn man seine volle Aufmerksamkeit darauf richtet. Das ist wie beim Kochen: Nicht umsonst kann man schmecken, wenn etwas »mit Liebe« gekocht wurde. Vielleicht entspricht das Gericht nicht den eigenen Vorlieben oder der Koch ist nicht besonders talentiert, aber den Unterschied zwischen einem achtlos aufgewärmten und einem liebevoll zubereiteten Essen erkennt man fast immer. Und diese Geste reicht, dass man es gelungen findet.

Aufmerksamkeit ist zwar keine Garantie für Schönheit als Resultat, aber ohne Aufmerksamkeit und Hingabe kann **Schönheit** nicht entstehen.

Will man eine Fragestellung im Arbeitsumfeld unter Berücksichtigung all dieser Aspekte angehen, benötigt man zwei Schritte. Erstens muss man die jeweilige Frage in das konkrete Handeln übersetzen, das zu ihrer Lösung nötig ist. Und zweitens muss man dafür sorgen, dass dieses Handeln mehr Spaß macht, oder schöner, spannender, sozialer ist als die bisherige Herangehensweise.

Bei dem Beispiel mit dem U-Bahn-Ausgang war es einfach, diese beiden Schritte miteinander zu verbinden. Das Ziel, dass die Fahrgäste sich mehr bewegten und fitter wurden, lautete in konkretes Handeln übersetzt: Sie mussten die Treppe statt die Rolltreppe benutzen. Die Klaviertastatur machte dieses Handeln attraktiv, spannend und schön – und damit zu etwas, das Spaß beinhaltet.

Fazit:
Der wichtigste Denkschritt bei der Lösung von dringenden Fragestellungen besteht darin, vom benötigtem Handeln auszugehen und nicht vom abstrakten Ziel. Wenn man erst einmal handlungsorientiert denkt, dann ist es gar nicht mehr so schwierig, spielerisch zu sein.

Mehr Freiräume für mehr Erfolg

Im ersten Kapitel dieses Buches habe ich unter anderem die Frage gestellt, wie man sich seine eigenen Freiräume in einem hierarchischen System erhalten kann. Was passiert, wenn man nun den hier besprochenen Aspekt des Spielfaktors auf diese Frage anwendet? Wie sieht es aus, wenn man an der Schaffung der gewünschten Freiräume durch Spaß, Schönheit, Spannung und Verbindung arbeitet? – Das Ergebnis könnte folgendermaßen sein:

Der Standortleiter einer Firma, die an verschiedenen Produktionsstätten Industriegüter herstellt, zum Beispiel Windschutzscheiben für Autos, ist für die produktivste Fabrik im gesamten Konzern zuständig und insgesamt mit seiner aktuellen Situation zufrieden. Das Unternehmen blickt auf eine lange Geschichte zurück, und auch der Vorstandsvorsitzende ist schon seit vielen Jahren im Amt. Allerdings fällt die Konzernleitung immer wieder Entscheidungen, die den Freiraum des Standortleiters einengen und seinem Bestreben, die von ihm verantwortete Fabrik noch produktiver zu machen, im Weg stehen. Mal sind es Zusagen an den Betriebsrat, den Konzernstab aufzustocken, was die Gesamtkosten erhöht, dann wieder neue bürokratische Regeln oder zusätzliche Berichte, die Zeit und damit wertvolle Arbeitskraft abziehen. Der Standortleiter kann sich das alles eine Weile ansehen und mitmachen, aber irgendwann wird er sich die Frage stellen müssen, wie er sich trotz all dieser Einschränkungen seine Freiräume erhalten kann.

Es ist eine wahre Geschichte, und der Standortleiter hatte mich gefragt, wie er mit dieser Situation am besten umgehen könne.

Die spielerische Antwort auf die Frage nach den Freiräumen des Standortleiters fängt beim Handeln an. Welches Handeln der Vorgesetzten wünschte er sich? – Aus seiner Perspektive wäre es hilfreich, wenn ihm die Konzerndirektoren mit ihren Vorschlägen und Anordnungen nicht ständig in die Quere käme und die Entscheidungen vor Ort und nicht in der Firmenzentrale – und damit weitab vom Geschehen – getroffen werden könnten. Oder wenn die Verantwortlichen ihn vorher fragen würden, welche Maßnahmen für das Funktionieren seiner Fabrik wichtig wären. Im Grunde wäre für alle Beteiligten schon viel gewonnen, wenn die anstehenden Entscheidungen öfter gemeinsam getroffen würden, und nicht über die Köpfe der Standortleiter hinweg.

Doch genau das Bewirken dieses gemeinsamen Entscheidens ist kein leichtes Unterfangen, denn den meisten Chefs bereitet ausgerechnet das Entscheiden großen Spaß. Für manche Menschen in Führungspositionen ist es geradezu die Definition des Chefseins, dass sie sich verantwortlich fühlen für alle anderen, und darum auch im Endeffekt die Beschlüsse fassen. Und auch wenn man mehr kooperativen Entscheidungsprozessen nicht abgeneigt ist, gibt es immer noch die Interessen der Gesamtorganisation, die man meint, gegenüber den Standortleitern vertreten und durchsetzen zu müssen. In einer solchen Lage bedeuten selbst kleine Fortschritte bereits einen Erfolg, also wenn alle Beteiligten vorab konsultiert und zumindest nach ihrer Meinung gefragt werden.

> Dass sich mit der Spielperspektive alle Probleme lösen lassen und das ganze Leben auf einmal ein Paradies sei, ist ein Trugschluss. Aber sie macht vieles leichter und eröffnet eine große Bandbreite an neuen Möglichkeiten und damit Lösungen.

Der erwähnte Standortleiter der Industriegüterfabrik sah sich also tatsächlich vor eine nicht im Handumdrehen zu lösende Frage gestellt. Sein bisheriger Ansatz, um zu Freiräumen zu kommen, war es, in den Sitzungen viel zu argumentieren, zu erklären, warum es besser sei, wenn die Standortleiter und nicht die Firmenzentrale für bestimmte Punkte verantwortlich wären. Oder warum man keine Gemeinsamkeit in allen Betriebsabläufen über alle Standorte hinweg bräuchte. Zwar waren seine Argumente stichhaltig – aber der Freiraum wurde nicht größer. Immer wieder gab es Gegenargumente der Konzerndirektoren, und Gründe, warum alles doch beim Alten blieb.

Der Standortleiter könnte auch spielerisch an die Frage herangehen. Dann stellt er sich die Frage, wie er das gemeinsame Entscheiden attraktiv machen könnte. Da dies auf den gemeinsamen Sitzungen stattfindet, wird die Frage für ihn, wie er jede Besprechung mit seinen Chefs zu einem Höhepunkt in ihrem Terminkalender machen kann – so dass die Chefs nach einer Weile sich immer mehr darauf freuen, die wichtigen Punkte des Geschäfts zusammen mit dem Standortleiter zu besprechen. So dass die einsamen Entscheidungen weniger werden – weil sie unnötiger geworden sind, man hat ja alles schon abgestimmt.

Mit positiver Stimmung kann man viel Unerwartetes erreichen.

Nachdem ich dem Standortleiter diesen Vorschlag unterbreitet habe, kommt es zu einer längeren Unterbrechung. Er ist zunächst empört, dass ich von ihm so viel Einsatz einfordere, und hält dagegen, dass es nicht in seiner Verantwortung liege, die Sitzungen vorzubereiten. Es könne unmöglich sein, dass das Gelingen dieser Sitzungen allein von ihm abhänge, argumentiert er weiter. Außerdem habe er gar nicht die nötigen Kapazitäten, diese Termine raubten ihm schließlich jetzt schon viel zu viel Zeit. Gegen all diese Einwände kann man zunächst nur wenig vorbringen, denn höchstwahrscheinlich hat der Standortleiter mit seiner Einschätzung sogar recht. Nur, es kann und wird sich erst dann etwas an seiner Situation ändern, wenn er in der Lage ist, sich über diese Einwände hinwegzusetzen und es dennoch zu versuchen.

Allgemeiner gesagt:
Immer dann, wenn man kurz davor ist, etwas anders zu machen als vorher oder eine neue Handlungsstrategie auszuprobieren, gibt es diesen Moment des Zögerns. Es ist der berühmt-berüchtigte Moment, in dem einem all die Gründe einfallen werden, warum das Neue alles andere als eine gute Idee ist. Oder was alles schiefgehen könnte. Höchstwahrscheinlich sorgen am Ende all diese guten Gründe auch dafür, dass man sich für das entscheidet, was man schon kennt. Womit dann alles beim

Alten bliebe. Wenn man wirklich etwas ändern will, dann ist es eine gute Sache, sich über den inneren Bedenkenträger hinwegzusetzen. Dazu braucht man vor allem eines: Mut. Wenn man akzeptiert, dass ein gewisses Maß an Risiko und Unsicherheit dazugehört, wenn man Neues in Gang setzen will und sich bewusst macht, dass gar nicht so viel schiefgehen kann, dann sind alla Türen zum Erfolg offen.

Der Standortleiter der Industriegüterfabrik entschied sich übrigens am Ende für das Experiment, jede Sitzung mit den Angehörigen der Unternehmensleitung zu einem Höhepunkt in ihrem Terminkalender zu machen. Die Umsetzung stellte sich zu seinem eigenen Erstaunen als längst nicht so schwierig heraus wie erwartet. Er gab sich große Mühe bei der Vorbereitung, selbst in den Details. Er besorgte extra guten Kaffee, suchte den schönsten Sitzungssaal in der ganzen Firma aus, gestaltete die Infomaterialien mit besonderer Sorgfalt und Akribie und ließ sie ausnahmsweise drucken und binden, statt sie nur wie üblich zu kopieren. Vorab versuchte er, sich in seine Chefs und deren Denkweise hineinzuversetzen, und gab sich Mühe, ihren Standpunkt nachzuvollziehen und zu verstehen, was ihnen wichtig sei. Er fragte sich, wie er eine Verbindung zu den ihm wichtigen Themen herstellen und dafür sorgen könne, dass die Interessen der Firmenleitung ebenfalls zur Sprache kämen. Und er überlegte, wie sich diese am ehesten mit seinem Anliegen in Einklang bringen ließen.

Und da er sich nun einmal über seine eigenen Bedenken hinweggesetzt hatte, konnte er sich voll und ganz auf die Interessen seiner Gesprächspartner einlassen, ohne seine eigenen Interessen aus den Augen zu verlieren. Aus dieser spielerischen Position heraus trug er letztlich dazu bei, dass die Qualität des Gesprächs außergewöhnlich wurde.

Das erste Gespräch verlief so tatsächlich positiv, und die Unternehmensleiter der Industriegüterfabrik riefen ihren Standortleiter immer öfter an, bevor sie neue Entscheidungen trafen, und schauten sogar ab und zu in der von ihm geleiteten Fabrik vorbei, weil die Begegnungen mit ihm attraktiv waren. Nach nicht langer Zeit folgt der logische nächste Schritt: Die Berufung in den Vorstand des Unternehmens.

Fazit:
Menschen spielen nicht, weil jemand anderes ihnen sagt, dass sie es müssen, sondern weil das Spielen an sich lohnend ist, weil es Spaß macht. Spielen ist immer freiwillig. Die Kunst besteht darin, diese Freiwilligkeit zu beeinflussen.

Verführungsstrategien

Man kann die Strategien, um andere Menschen zu verführen, damit sie freiwillig anders handeln, sowohl im Kleinen als auch im Großen einsetzen. Wie man sie im Großen einsetzt, zeigt das nun folgende Beispiel von einem internationalen Finanzdienstleister.

Das Unternehmen hat über Jahre hinweg dadurch geglänzt, immer schlauere und komplexere Produkte zu erfinden und diese am Markt zu platzieren. Diese genialen Konstruktionen sind der Stolz vieler Mitarbeiter, alles hochbegabte Analytiker, denen man auf dem Gebiet der Finanzen nicht viel vormachen kann. Dann kommt die Finanzkrise, der Wind hat sich gedreht, und anstelle von hochkomplexen Produkten fragen Öffentlichkeit und Kunden in verstärktem Maße nach Einfachheit – und vor allem nach echter Kundenorientierung. Die Zeit für eine Änderung der Unternehmenskultur ist gekommen, und die Strategie lautet: mehr Kundennähe. Denn wenn die Produkte bei den Kunden nicht mehr ankommen, wird das Unternehmen in ernste Schwierigkeiten geraten.

Die Analyse des Vorstands ist eindeutig: Der erste Schlüssel zur Veränderung ist das Topmanagement. Betroffen sind zum Großteil die Protagonisten der ehemaligen Hochphase des Unternehmens, von denen ein sichtbar anderes Auftreten als deutliches Signal an alle anderen Mitarbeiter erwartet wird. »Menschen sind wichtiger als unsere Produkte«, lautet das Credo. Dabei geht es nicht nur um die Kunden, sondern auch darum, die eigenen Mitarbeiter als Menschen zu betrachten und zu führen – und nicht als Maschinen, die schlaue Produkte entwickeln.

Die vorerst schwierigste Aufgabe des Vorstands besteht darin, die knapp 50 Topmanager zu der gewünschten Veränderung zu bewegen. Das war kein leichtes Unterfangen.

Zunächst werden traditionelle Maßnahmen ergriffen, um das gewünschte Umdenken zu bewirken. Im Rahmen einer eintägigen Klausurtagung sucht der Vorstand das Gespräch mit den Managern und teilt ihnen mit, dass man künftig anders arbeiten müsse. Alle hören höflich zu und nicken ab und zu freundlich, denn sie haben verstanden, was der Vorstand von ihnen will. Trotzdem ändert sich nach der Klausurtagung erst mal nicht viel, und die Manager machen so weiter wie bisher. Vermutlich nicht aus Unwille oder Sabotage, sondern weil sie es nicht anders kennen. Schließlich war auch die Klausurtagung so, wie sie es nicht anders kennen.

Ungefähr zu diesem Zeitpunkt kamen wir ins Gespräch mit dem Vorstand. »Wie bringen wir unsere Leute in Bewegung? Wie holen wir sie aus der Komfortzone?«, war der O-Ton der Frage. Der erste Schritt, so entscheiden wir gemeinsam, sei, dass die 50 Topmanager ihre eigene

Analyse der aktuellen Unternehmenssituation machen um daraus ihre eigenen Schlussfolgerungen zu ziehen. Und um danach bei sich zu Rate zu gehen, was ihnen als Mensch in diesem Job eigentlich wichtig sei. Dabei sollten diese ersten Schritte weder eine Anordnung sein noch Ergebnisse von Überzeugungsarbeit. Sondern vielmehr schon stimmig mit dem, worum es im Endeffekt bei dem Finanzdienstleister ging, nämlich um die Orientierung an Menschen. Und die fängt nun mal beim Management an.

Das Spielen kam ins Spiel, um die mit allen Wassern gewaschenen Topmanager, die schon zig Klausurtagungen, Strategiepräsentationen, Weiterbildungsmaßnahmen oder Führungskräfteentwicklungsprogramme hinter sich haben, so zu motivieren, dass sie freiwillig über sich selbst und die aktuelle Lage ihres Unternehmens nachdenken und daraus persönliche Konsequenzen ziehen. Wie das ging? – Durch Schönheit, und durch Spannung.

Der Vorstandsvorsitzende hielt eine Telefonkonferenz und erzählt den Managern von seinen Eindrücken und Erfahrungen der letzten Monate, auf eine sehr persönliche Art und Weise. Er berichtet, dass er die Dringlichkeit für Veränderungen spüre und auch das Gefühl habe, alle hätten zwar »Ja« zu seinen Plänen gesagt, aber in der Praxis passiere nicht viel. Er spricht von seiner Überzeugung, dass Veränderungen immer etwas Persönliches seien. Dann lädt er jeden Einzelnen zu einer Reise ein. Zu einer sehr persönlichen Reise, die gleich am nächsten Tag beginne. Ein jeder könne selbst entscheiden, ob er einsteige, ohne Zwang, ohne Kontrolle. Es sei übrigens eine metaphorische Reise, äußerlich werde sich nicht so viel tun. Für in ein paar Wochen kündigt er außerdem eine Zusammenkunft an, bei der er jedem die Frage stellen werde, wo er denn stehe. Dabei gehe es nicht um politisch korrekte Antworten, sondern um das, was jedem persönlich wirklich wichtig sei. Um die Stelle, an der jeder von ihnen genau dann stehe, wenn es um die Zukunft der und Visionen für die Firma gehe. Zum Abschluss wünscht er noch eine gute Reise.

Ein merkwürdiges Gespräch. Die Reise ist damit zwar angekündigt, dennoch wissen die Manager noch nicht, worum es eigentlich geht.

Am nächsten Morgen liegt auf dem Schreibtisch eines jeden Teilnehmers ein iPod nano, schlank und mit großem Bildschirm, gleich daneben ein Brief. In dem Schreiben wird jeder Manager noch mal persönlich zu der Reise eingeladen. Der iPod wird als persönlicher Reisebegleiter vorgestellt, mit dem Hinweis, dass er regelmäßig mit neuen Inhalten gespeist werde. Sofern die Teilnehmer Lust hätten, könnten sie ja mal hineinhören und die erste Aufgabe abrufen, die bereits aufgespielt sei.

Tatsächlich ist der iPod gut gefüllt. Wer sich für die Aufgabe interessiert, der hört die Stimme des Vorstandsvorsitzenden, der in etwa Folgendes sagt: »Jede Reise beginnt damit, dass man sich darüber klar wird, wohin man immer zurückkehrt. Mit anderen Worten: wo das Zuhause, die eigene Basis ist. Wer sind Sie eigentlich? Was hat Sie geprägt?« Da diese Frage alles andere als einfach zu beantworten ist, finden sich auf dem iPod ein paar Interviews mit Kollegen, die aus ihrer Perspektive eine Antwort darauf geben.

Die Teilnehmer dürfen selbst entscheiden, ob sie sich auf die metaphorische Reise einlassen und an welchem Punkt sie wann ein- und auch wieder aussteigen. Die Aktion ist von Anfang an spannend – und bleibt es auch –, weil keiner der Beteiligten weiß, was er in der nächsten Woche auf dem iPod vorfinden wird. Außerdem ist das Ding auch noch todschick und macht großen Spaß. Und so nimmt eine Reise ihren Anfang, die im Kapitel 6 weiter erzählt wird.

Schönheit (perfekt gestaltete Briefe und Materialien, das Design des iPods) und **Spannung** (nicht wissen, was passiert; Ankündigung eines nächsten Schrittes; die Metapher der Reise ins Unbekannte) sind zwei außergewöhnlich kräftige **Verführer**.

Verführen hat leider einen negativen Klang – als ob man, wenn man sich zu etwas verführen ließe, etwas Schlechtes gegen seinen Willen täte. Dabei kann man sich natürlich auch zu schönen, sinnvollen Dingen verführen lassen, noch dazu bewusst und aus eigenem Willen.

Jede wirksame Einladung zum Spiel ist letztlich die Ankündigung einer positiven Erfahrung und damit im weitesten Sinne eine Verführung.

Diese Taktik ist gewiss nicht neu, und im Grunde beherrscht sie ein jeder Mensch. Neu daran ist vielmehr, dass derjenige, der sie im Arbeits-kontext anwendet, sich traut auszusteigen aus dem Denken, man könne nur etwas erreichen, wenn man entweder Druck ausübt und kontrolliert oder dem anderen das Zuckerbrot der Kompensation vor die Nase hält. Die attraktive Belohnung soll dann dazu verführen, das nicht Attraktive zu tun.

Wer im Arbeitsumfeld spielt, der steigt ein in den Gedanken, dass man das, was auf den ersten Blick eventuell unattraktiv erscheint, attraktiv machen kann. Und damit ist der Grundstein zur Veränderung und damit zu mehr Erfolg gelegt.

Kurz und prägnant

→ Spielen ist immer freiwillig. Menschen spielen, weil es an sich attraktiv ist und Spaß macht. Dieser Grundsatz lässt sich auch auf die Arbeit anwenden.

→ Die vier Basiszutaten für die Attraktivität des Spiels sind Spaß, Schönheit, Spannung und das Zusammensein mit anderen.

→ Man kann Menschen durch Freude am Tun dazu bewegen, anders zu handeln.

→ Wer im Arbeitskontext etwas auf spielerischem Weg erreichen will, der muss dafür sorgen, dass jene Aktivitäten, die zum Erreichen des Ziels unabdingbar sind, unwiderstehlich attraktiv werden.

→ Sich Verführungsstrategien auszudenken und sie auch einzusetzen ist nicht schwierig, man muss es nur wollen.

2 Spielen ist Handeln, nicht Planen

Wenn Kinder einen Turm aus Bauklötzen bauen wollen, dann geben sie nicht erst einmal eine eingehende Analyse der Situation in Auftrag oder beschäftigen sich mit Statik oder Baustoffkunde. Sie fangen einfach an.

Spielen ist unlösbar verbunden mit diesem Drang zum Tun, mit Aktivität. Davon kann man viel lernen. Die folgende einfache Übung verdeutlicht, wie groß dieses Lernpotenzial ist.

Man nehme einen Notizblock und einen Stift zur Hand und notiere die fünf wichtigsten und hartnäckigsten ungelösten Probleme, vor die man sich in seinem Arbeitsumfeld gestellt sieht. Anschließend markiere man jedes Problem, für das schon einmal eine Analyse oder eine Forschungs- arbeit erstellt oder vorgeschlagen wurde, mit einem Kreuz. Wird an der Lösung eines oder mehrerer Probleme bereits aktiv gearbeitet – es liegen also konkrete Ergebnisse vor –, so markiere man es mit einem Kreis.

Ein hoher Beamter einer größeren Kommune und einer unserer Kunden, vor dieselbe Aufgabe gestellt, schrieb die folgende Liste:

1. Immer weniger Mittel in der Gemeindekasse. Kosten müssen gespart, die Effizienz muss erhöht werden.

2. Eine Gruppe Jugendlicher macht allen anderen Bewohnern eines Stadtviertels das Leben zur Hölle.

3. Die Stadt muss für Betriebe attraktiver werden, damit sich neue Unternehmen ansiedeln und Arbeitsplätze schaffen.

4. Der Verkehrsfluss in der Stadt ist in manchen Wohnvierteln sehr zäh – zur Unzufriedenheit der Anwohner und der Autofahrer.

5. Der Ruf der Verwaltung ist nicht gut, viele Bürger erleben die Beamten als nicht besonders zuvorkommend. Die Kultur muss sich verändern, die Kommune muss bürgernaher werden.

Die Zahl der Kreuze auf solchen Listen ist nach meiner Erfahrung bei den meisten Menschen größer als die der Kreise. Wenn es um hartnäckige ungelöste Probleme geht, wird in den meisten Unternehmen nämlich erst einmal untersucht, analysiert, geforscht und geplant – und sich vertagt. Das klingt zunächst durchaus logisch, schließlich sollte man nicht in blinden Aktionismus verfallen, den falschen Lösungsweg einschlagen und unnötig Geld verschwenden.

Diese Vorgehensweise ist im Arbeitsumfeld die herkömmliche Antwort auf alle möglichen Fragestellungen, die sich nicht sofort lösen lassen. In der Politik heißt so etwas »Reformstau«: für jede der dringend nötigen Reformen gibt es inzwischen so viele Berichte und Analysen, dass man vermutlich ganz Berlin damit tapezieren könnte. Nur leider führen all diese Berichte nicht zu zufriedenstellenden Lösungen. Ich würde sogar noch weiter gehen und behaupten, dass gerade die Fokussierung auf all das Analysieren und Planen dafür sorgt, dass die Probleme nicht gelöst werden.

Der Vorschlag, auf die Analyse zu verzichten und einfach anzufangen, das Problem zu lösen, mag im ersten Moment absurd klingen. Dabei ist genau das der Weg, auf dem man zu neuen Ergebnissen kommen kann.

»Probieren geht über Studieren« heißt das Sprichwort nicht umsonst.

Für die meisten Fragestellungen und Probleme im Berufsalltag kennen die Betroffenen die Antwort eigentlich schon – oder können sie zumindest in der einschlägigen Literatur nachschlagen oder sich über das Internet Inspiration holen und vergleichbare Ansätze finden. Sie müssen sich nur trauen. Wer es wagt und sich darauf einlässt, dass er keinen Plan mehr braucht, ebenso wenig wie noch mehr Wissen und Fakten, dem eröffnen sich völlig neue Lösungsmöglichkeiten, deren Umsetzung zu erstaunlichen Ergebnissen führt.

Mut zu Fehlern

Ein gutes Beispiel dafür, wie der Mut, auch Fehler zuzulassen, zum Erfolg führen kann, sind die eingangs beschriebenen Niederländischen Eisenbahnen und ihr Problem mit der Pünktlichkeit. Da diese sich trotz zahlreicher Berichte und Analysen nicht merklich verbessert hatte, entschied sich die Gruppe, die gemeinsam überlegte, wie das gesteckte Ziel innerhalb der vorgegebenen Zeit zu erreichen sein könnte, einvernehmlich für das Prinzip »Probieren geht über Studieren«. Die teilnehmenden Schaffner und Lokomotivführer waren dazu aufgefordert, nicht zu viel zu planen und nachzudenken, sondern vor allem zu probieren, auszuwerten und aktiv zu werden – egal ob sie dabei auch Fehler machten oder Dinge versuchten, die dann nicht funktionierten. Unter den Maßnahmen, welche die Beteiligten in die Tat umsetzten, waren einige, die nicht funktionierten – aber am Ende auch jene, die etwas brachten.

Fehler zu machen kann sich lohnen!

Die Annahme, dass dieses Herumexperimentieren und dabei Fehler in Kauf zu nehmen mehr Zeit kostet als eine wohlüberlegte und durchstrukturierte Vorgehensweise, ist so nicht richtig. Bei den Niederländischen Eisenbahnen funktionierte der Feldversuch, weil das Management die 100 an der Aktion beteiligten Schaffner und Lokomotivführer wieder in ihrer Professionalität respektierte und sie dazu einlud, sich stärker verantwortlich zu fühlen und weil man den Abstand zwischen

Theorie und Praxis verkürzte – alles, was es an Ideen gab, wurde sofort ausprobiert. Denn eine in der Theorie gebuchte Zeitersparnis ist im Gegensatz zu einer, die tatsächlich realisiert wurde, nämlich nichts wert.

Mehr Praxis statt graue Theorie

Natürlich muss es nicht immer der beste Weg sein, einfach draufloszu-stürmen und alles Mögliche auszuprobieren. Schließlich lassen sich mit ein bisschen Planung und der richtigen Analyse schon im Vorfeld viele Fehler vermeiden, die später bei der Ausführung wertvolle Zeit kosten. Vor allem wenn durch vermeidbare Fehler viel Zeit und Geld verschwen-det werden oder wenn diese Fehler hochgefährlich sind, dann ist sponta-nes Ausprobieren keine zu empfehlende Option.

> **Spontanes Herumprobieren ist nicht immer die beste Lösung.**

In den meisten Fällen besteht das Problem jedoch gar nicht darin, dass zu viel herumexperimentiert wird, oder dass Theorie und Praxis zu schnell verbunden werden. Irrtümlich gehen die meisten Menschen davon aus, dass sie um detaillierte Pläne und Analysen nicht herumkom-men. Der Irrtum rührt daher, dass die Planungs- und Analysezeit häufig unterschätzt wird, während die Kosten für eventuelle Fehler in aller Regel überschätzt werden.

Hinzu kommt, dass die herkömmliche Trennung, erst zu planen und zu analysieren und danach auszuführen, an einer sehr simplen menschlichen Konstante vorbeigeht: Die meisten Menschen finden es nicht so interessant, etwas auszuführen, das andere sich ausgedacht haben. Der Energie- und Motivationsverlust, der sich hieraus ergibt, ist sehr viel größer, als viele Menschen wahrhaben wollen.

»Ausrollen ist Plattwalzen.«

Tjip de Jong

De Jong bezieht sich mit dieser Aussage auf die gängige Praxis, Veränderungen oder neue Methoden in Unternehmen erst über einen langen Zeitraum hinweg detailliert zu planen, um sie dann in die Phase des sogenannten Roll-outs zu bringen. Das ist der Moment, in dem alle Mitarbeiter sich freuen sollen, dass ihnen endlich jemand sagt, wie sie ihre Arbeit zu tun haben. Die Freude darüber hält sich verständlicherweise meist in Grenzen.

Man kann die Wirkung des Effekts, wenn Menschen etwas selbst herausfinden dürfen und können, im Grunde nicht überschätzen – und sollte ihn stets bedenken, wenn man Menschen dazu bringen will, anders zu handeln als bisher. Jim Haudan, der CEO von RootLearning, einer amerikanischen Beratungsfirma für Organisationsentwicklung, hat das Problem auf den Punkt gebracht, als er sagte: »Mitarbeiter werden die Schlussfolgerungen des Managements zwar tolerieren, aber sie werden nur auf der Basis ihrer eigenen Schlussfolgerungen handeln.«

Wenn man anderen Menschen, statt ihnen Dinge vorzugeben, dabei hilft, ihre eigenen Schlussfolgerungen zu ziehen, dann werden sie eher und erfolgreicher anders handeln als mit genauen Vorgaben. Eine lange Planungs- und Analysezeit ist in dem Fall zumeist nutzlos, weil nicht wenige Führungskräfte sie dazu nutzen, ihre eigenen Schlussfolgerungen an andere weiterzugeben, anstatt die Handelnden selbst zum Nachdenken zu bringen. Und Letzteres ist lange nicht so produktiv.

Fünf Hürden, durch die wir beim Planen bleiben

Wer sich einlassen will auf das Spielprinzip des aktiven Handelns und den Fokus mehr auf Tun und kreativ Denken anstatt auf die Theorie alleine zu richten, der hat in der Praxis eine ganze Reihe von Hürden zu überwinden. Jede dieser Hürden ist ein allgemein akzeptierter Glaubenssatz, eine Überzeugung, wie die Welt oder das Leben nun einmal sei, und steht, zumeist ungewollt, dem ausprobierenden Menschen im Weg. Wer andere dazu animieren möchte, von der Planung ins Tun zu kommen, der sollte diese fünf Hürden überwinden können:

→ Die Hürde des Ganz-sicher-sein-Wollens,

→ die Hürde der Vollständigkeit, also ein Problem immer in seiner gesamten Komplexität auf einmal lösen zu wollen,

→ die Hürde des Denkens in Gemeinsamkeit und damit die Annahme, dass eine gewählte Lösung an allen Orten gleich sein sollte,

→ die Hürde der Hierarchie und damit die Überzeugung, Chefs seien dazu da, für andere zu entscheiden,

→ die Hürde des Interesses am Status quo, denn nichts erhält diesen länger als eine erneute Studie.

Wer es schafft, diese Hürden zu nehmen, der wird zwei Dinge feststellen. Erstens: Aktives Tun und das Lösen von Problemen sind für andere oft unwiderstehlich, daher findet derjenige, der damit anfängt, schnell eine beachtliche Zahl an Mitstreitern. Zweitens: Nichts sorgt für effektiveres Lernen als eine gute und reflektierte Praxis. Wer so lernt, wird immer schneller immer besser.

Die Hürde des Ganz-sicher-sein-Wollens

Der Standardansatz

Die Hürde des Ganz-sicher-sein-Wollens äußert sich zumeist ganz harmlos. Als illustrierendes Beispiel soll jene Kleinstadt mit den leeren Kassen, den randalierenden Jugendlichen, der bürgerfernen Verwaltung und den verstopften Straßen vom Anfang dieses Kapitels dienen. Der Stadtrat hat inzwischen entschieden, mit zwei benachbarten Gemeinden enger zusammenzuarbeiten, und verspricht sich davon wertvolle Synergieeffekte. Dabei geht es vor allem um die Einsparung von Kosten – aber wenn sich dabei auch noch gleich die Qualität des Services verbessern lässt, nimmt man das nur zu gerne in Kauf.

Kurz nachdem der Beschluss gefasst ist, setzen sich die Verantwortlichen der drei Kommunen zusammen. Die jeweiligen Betriebsräte werden ebenfalls konsultiert, und gemeinsam wird entschieden, erst einmal eine Studie in Auftrag zu geben, in der untersucht werden soll, auf welchen Gebieten sich die meisten Synergievorteile realisieren lassen. Verschiedene Anbieter werden konsultiert, die Verantwortlichen handeln die Rahmenbedingungen aus und lehnen sich erst mal zurück, um die Ergebnisse der Studie abzuwarten.

Ein Jahr geht ins Land, die Kommunen haben mehrere Zehntausend Euro investiert, und der Abschlussbericht spricht eine deutliche Sprache: Die meisten Synergieeffekte und damit Einsparungen lassen sich auf dem Gebiet des gemeinsamen Einkaufs, im Falle der Zusammenlegung der drei

Personalverwaltungen und durch ein Computersystem, das alle drei Gemeinden gemeinsam nutzen, erzielen.

Das mag für den Laien nach echten Neuigkeiten klingen. Für jeden, der sich schon einmal mit den Vorteilen der Zusammenarbeit verschiedener Organisationen beschäftigt hat, ist das Ergebnis des Berichts hingegen ungefähr so offensichtlich wie die Tatsache, dass in den Haushalten in Deutschland der größte Betrag aller anfallenden monatlichen Ausgaben die Kosten fürs Wohnen sind, also für die Miete oder Hypothekenzahlungen.

Die Bürgermeister der drei Gemeinden geben trotzdem nach dieser Studie erst mal noch eine zweite in Auftrag, ehe sie mit irgendwelchen Aktivitäten zur Lösung der Probleme anfangen. Diesmal geht es um die Frage, ob sich die Umsetzung der sich aus dem Bericht ergebenden Maßnahmen auch wirklich rechnet. Wieder wird geforscht, werden Mitarbeiter befragt, wird ein noch detaillierterer Plan ausgearbeitet.

Darüber gehen zwei weitere Jahre ins Land, ohne dass irgendeiner der Vorschläge realisiert wurde, obwohl inzwischen mehrfach belegt ist, was theoretisch erreichbar wäre. Die Entscheider wissen jetzt zwar, was laut Studie möglich wäre – aber noch immer ist kein Zentimeter umgesetzt.

Vermutlich ist es gar nicht unwahrscheinlich, dass die Realisierung der Vorteile weiter in die Ferne gerückt ist denn je. Mit jeder neuen Studie wächst nämlich die Entfremdung und sinkt das Verantwortungsgefühl derer, die letztendlich dafür sorgen müssen, dass die Kosteneinsparungen auch wirklich erzielt werden.

Bei zu viel Theorie wird deren Umsetzung in die Praxis immer unwahrscheinlicher.

Welche Bedeutung werden die Mitarbeiter der Tatsache beimessen, dass Studie um Studie angefertigt wird, ohne dass etwas Nennenswertes passiert?

So dringend wird es nicht sein, wenn die sich so viel Zeit lassen können, werden manche denken. Oder: Bevor hier irgendetwas in Bewegung kommt, müssen sich alle Beteiligten wirklich ganz sicher sein, dass es auch wirklich funktioniert. Manche Mitarbeiter fühlen sich kaum mehr für die Probleme ihrer Gemeinde zuständig, schließlich macht die Forschung sie zum Objekt dessen, was erforscht wird – und nicht zum Subjekt, zu denjenigen, die die Einsparungen und Verbesserungen umsetzen müssen. Andere werden immer unruhiger, da mit jeder Studie unumstößlicher festgestellt wird, dass ihr Job im Grunde eingespart werden kann. Wieder andere übersetzen diese Unruhe in vorbeugende Gegenmaßnahmen, schließlich wollen sie nicht zum Opfer der Sparwut werden.

Der Grund, warum viele Organisationen, Kommunen und Firmen sich derart im Planen und Analysieren verlieren, ist oft der dahinter stehende Wunsch nach absoluter Sicherheit.

Der erste Schritt in Richtung Praxis könnte in diesem Fall darin bestehen, dass die Betroffenen sich bewusst machen und annehmen, dass es absolute Sicherheit nicht gibt und dass das Streben nach immer größerer Absicherung der anstehenden Entscheidungen absolut kontraproduktiv ist. Der Wunsch nach mehr Sicherheit führt im Endeffekt dazu, dass weniger Ziele erreicht werden.

Absolute Sicherheit gibt es nicht – egal wie viel man auch plant.

Der Wunsch, ganz sicher sein zu wollen, geht aber auch einher mit dem menschlichen Drang nach mehr Wissen, der in erster Linie und per se gar nicht schlecht ist. Die Intention des Forschenden oder Fragenden ist zumeist positiv: Er will unnötige Fehler vermeiden, noch einmal gut über alles nachdenken. Doch der negative Effekt dabei ist im Grunde immer, dass der Zeitpunkt, an dem mit dem Handeln begonnen wird, wieder nach hinten verschoben wird.

Vielleicht ist dieses weit verbreitete Bedürfnis nach mehr Deutlichkeit auch darin begründet, dass wir in ganz vielen Ausbildungen, vor allem im Studium lernen, Probleme erst einmal gut zu analysieren. Professionalität zeigt sich oft in der Fähigkeit, die analytisch logischen und richtigen Antworten auf die gestellten Fragen zu geben. Darum ist es den meisten Menschen wichtig, dass sie die bestehende Situation erst mal eingehend analysieren. Wenn dann nämlich trotz der umfassenden Studie etwas schiefgeht, können ihnen keine Vorwürfe gemacht werden. Für die Widerspenstigkeit der Realität kann schließlich keiner was. Und so analysiert und diskutiert man munter weiter – und kommt einfach nicht zum Handeln.

In Organisationen, in denen die Verantwortlichen bei Problemen dem Impuls nachgeben, nach Schuldigen zu suchen, ist diese Absicherungsfalle ebenfalls sehr verbreitet. Die Vorlage von eingehenden Analysen und aller abgesicherten Pläne gilt daher als Beweis dafür, dass der Projektleiter seine Hausaufgaben gemacht hat. Das impliziert, dass er nichts dafür kann, wenn die Realität sich anders entwickelt als geplant oder wenn andere dann nicht genau das tun, was ihnen gesagt wurde. Kein Wunder, dass in solch einer Atmosphäre immer nur mehr analysiert wird und immer neue teure Studien in Auftrag gegeben werden, die allen Beteiligten nur das bestätigen, was sie eigentlich schon lange ahnen oder selbst wissen.

Fazit:
Letzten Endes hat der Wunsch nach mehr Wissen oft etwas mit Angst zu tun. Mit der Angst davor, dass man etwas übersehen hat, dass einem etwas vorgeworfen werden könnte. Diese Befürchtung ist zwar absolut menschlich und sie ist in einem Arbeitsumfeld, in dem die Mitarbeiter nach einem Fehler sofort entlassen werden, auch verständlich. Hilfreich ist diese Angst dagegen nicht. Denn Angst – in all ihren Formen – ist der schlechteste Ratgeber, wenn man mehr spielen will. Denn wer Angst hat, der probiert so gut wie nichts Neues aus.

Der Alternativansatz

Die Verantwortlichen in den drei Kommunen könnten auch ganz anders an die Lösung ihrer Probleme herangehen. Sie könnten zum Beispiel an den Anfang ihrer Überlegungen den Gedanken setzen, dass sie sich schon dazu entschieden haben zusammenzuarbeiten. Zwar weiß noch keiner ganz genau, auf welchen Gebieten und welche Vorteile sich damit konkret erreichen lassen – aber der gesunde Menschenverstand sagt ihnen, dass die Zusammenarbeit sich höchstwahrscheinlich lohnen wird.

Sie könnten also auch ganz einfach anfangen, zusammenzuarbeiten.

Beispielsweise könnten sie einzelne Mitarbeiter aus den verschiedenen Abteilungen zusammenbringen, ihnen die Dringlichkeit des

Problems vor Augen führen und für sie die Suche nach Einsparmöglichkeiten zu einer spannenden, interessanten Aufgabe machen. Die Mitarbeiter der verschiedenen Schulämter könnten schon mal vorab darüber sprechen, in welchen Bereichen sie durch die Zusammenarbeit effektiver werden würden. Etwa dadurch, dass sie gemeinsam Material einkaufen oder dass sie den verschiedenen Schulen nahelegen, die gleichen Computersysteme einzusetzen.

Begleitend zu diesen ersten Gesprächen und Maßnahmen könnten Forschungen und Studien laufen, damit die Beteiligten immer wieder kritisch überprüfen, wo sich weiteres Einsparpotenzial ergäbe. Sie könnten Mitarbeiter einladen, Verantwortung für bestimmte Verbesserungen und Veränderungen zu übernehmen, oder schon mal darüber sprechen, wie sie ihren Mitarbeitern die Angst vor einem Jobverlust nehmen könnten, um ihre Motivation nicht zu gefährden. Vielleicht einigen sie sich im Zuge ihrer gemeinsamen Überlegungen darauf, einige Stellen nach dem Ausscheiden von Mitarbeitern einfach nicht neu zu besetzen, oder sie treffen andere Vereinbarungen, die die unterschiedlichen Interessen von Mitarbeitern und Führungsebene in Einklang bringen.

> Gleich in die Praxis einzusteigen und verschiedene Dinge auszuprobieren ist keine Garantie dafür, dass ausschließlich Maximalziele erreicht werden. Aber es ist immer noch besser, als genau zu wissen, was die Maximalziele sind, ohne ihnen auch nur einen Schritt näher zu kommen.

Wenn in der eigenen Firma oder dem eigenen Arbeitsumfeld also das nächste Mal eine größere Entscheidung ansteht und bald die ersten

Stimmen laut werden, dass man erst noch mehr wissen müsse, ehe man etwas unternehmen könne, dann hilft es, einen Schritt weiter zu denken. Erwartet man von den Studien wirklich neue Einsichten? Braucht man wirklich noch weitere Informationen, um den ersten Schritt zu tun? Womit könnte man in der Zwischenzeit schon mal anfangen?

Fazit:
Es ist mit Sicherheit nicht einfach, die Hürde des Ganz-sicher-sein-Wollens zu nehmen – für einen selbst genauso wie für andere. Aber wer erst einmal die Lust am aktiven Tun gespürt hat und die ersten positiven Ergebnisse sieht, der will selten zurück zur nächsten Studie.

Die Hürde der Vollständigkeit

Die zweite Hürde, die es zu nehmen gilt, um aus dem Planungs- in den Handlungsstand zu gelangen, ist die Hürde der Vollständigkeit. Der zugrunde liegende Gedanke dieser Hürde ist die Ansicht, dass sich ein bestimmtes Problem erst dann adäquat lösen lässt, wenn man es in seiner ganzen Komplexität erfasst hat.

Der Standardansatz

Ein mittelgroßes Krankenhaus hat sich einen ausgezeichneten Ruf erarbeitet und ist seit vielen Jahren aus der gesamten Region nicht mehr wegzudenken. Eigentlich eine optimale Situation – nur leider haben sich in den letzten Jahren durch einige einschneidende Veränderungen in der Gesundheitsfinanzierung die ersten kleinen Risse in der ansonsten gut funktionierenden Organisation gezeigt. Einige einflussreiche Ärzte haben die Klinik verlassen, die Fluktuation und der Krankenstand der Mitarbeiter nehmen ebenfalls beständig zu. Gleichzeitig stehen in einigen Abteilungen immer mehr Betten leer, während Patienten in anderen Abteilungen wegen Kapazitätsmangel abgewiesen werden müssen. Zu allem Übel dringen auch noch immer mehr Geschichten über Spannungen zwischen Pflegepersonal und Ärzten an die Öffentlichkeit.

In solch einer Situation, in der alles mit allem zusammenhängt, ist es eine logische Konsequenz und damit für jedermann nachvollziehbar, wenn die Klinikleitung erst einmal genau erforschen will, was da eigentlich vor sich geht, um dann an einer Gesamtlösung zu arbeiten. Schließlich ist der Wunsch, durch eine möglichst genaue Analyse einen Ansatz zu finden, mit dem sich alle zusammenhängenden Probleme in einem Rutsch lösen lassen, durchaus verständlich.

Ließen sich die Spannungen zwischen den Mitarbeitern abbauen, würde sich zugleich die hohe Fluktuationsrate verringern, ebenso der Krankenstand. Und könnte man die knappen Mittel besser verteilen, gäbe es sicher weniger Spannungen, sondern eine bessere Zusammenarbeit zwischen den einzelnen Abteilungen.

Auf die Erkenntnis, dass bei zahlreichen Problemen in verschiedenen Abteilungen eines Unternehmens alles mit allem zusammenhängt, folgt bei vielen Menschen der Wunsch nach einer Patentlösung. Sie fangen an zu träumen. Von der einen Maßnahme, dem einen chirurgischen Eingriff, der genau an der richtigen Stelle ansetzt und alle Probleme auf einmal behebt.

Oft ist dieser Traum nur unbewusst vorhanden, er äußert sich in dem Wunsch nach einer umfassenden Analyse oder einer sogenannten Komplettlösung. In vielen Firmen beauftragen die Entscheider daraufhin einen oder mehrere Berater, die ihnen oft genug versprechen, dass es

Wenn einer den

Anfang

macht, kann richtig viel in

Bewegung

geraten.

diese eine, alles umfassende Lösung tatsächlich gibt. Natürlich spricht nichts gegen eine solide Analyse und Planung, um das Problem auch wirklich verstehen zu können. Daher schaut man gemeinsam mit dem Berater noch einmal auf die Probleme, befragt die Beteiligten und stellt die Ergebnisse in einem anschaulichen Diagramm dar, in dem die Zusammenhänge zwischen all den verschiedenen sichtbaren Rissen in der Organisation verdeutlicht werden.

Und so gehen in dem erwähnten Krankenhaus mehrere Monate ins Land, ehe man herausfindet, dass die Ursache aller Probleme im Kern die Unterfinanzierung durch das neue System ist. Daraufhin beschließt die Klinikleitung, nach anderen Möglichkeiten der Mitteleinwerbung zu suchen, in der Hoffnung, dadurch würden alle anderen Probleme und Risse von selbst verschwinden. Die Verführungskraft, die von der Vorstellung ausgeht, alle Sorgen auf einmal loszuwerden, ist nicht zu unterschätzen.

Gleichzeitig ist noch immer nichts gelöst. Weil erst einmal nichts in Gang kommt.

Denn selbst wenn tatsächlich neue Finanzströme erschlossen werden, wird der Ruf des Krankenhauses nicht genauso schnell wieder besser, wie er sich verschlechtert hat. Die Beziehungen zwischen den Ärzten und dem Pflegepersonal werden auch nicht allein dadurch harmonischer, dass der Grund für die Spannungen der letzten Jahre nun wegfällt. Zu schwer wiegt die Erinnerung an das, was passiert ist – und sie nährt die Angst, dass diese Spannungen sofort wieder aufleben, sobald das Geld erneut knapp wird. Man hat sich, so absurd das klingen mag, auf die unbefriedigende Situation eingestellt – und kann jetzt auf einmal nicht so tun, als sei nichts gewesen.

Die Annahme, eine Komplettlösung für eine komplexe Fragestellung zu finden, mit der sich wie bei einem chirurgischen Eingriff alle Probleme auf einmal lösen lassen, ist eine Illusion. Es gibt dieses Patentrezept nicht.

Die meisten Menschen wissen und erkennen, dass es sich so verhält. Dennoch fällt es schwer danach zu handeln, vor allem wenn es einen selbst betrifft und man glaubt, völlig klar zu sehen, wie alles mit allem zusammenhängt. Die intellektuelle Verführungskraft der sauberen Lösung, des perfekten Systems, ist einfach zu groß.

Der realistischste und befreiendste Rat, den ein Außenstehender dem Vorstand dieses Krankenhauses hätte geben können, müsste lauten: Ihnen wird nichts anderes übrig bleiben, als zu akzeptieren, dass die meisten Probleme es sich in Ihrem Haus so »gemütlich gemacht« haben, dass sie trotz der verlockend klingenden Komplettlösung erst einmal bleiben. Und dass jede Maßnahme, wie gut auch geplant, nicht vorhersehbare Konsequenzen hätte.

Eine solche Perspektive kann leicht zu totaler Resignation bei allen Beteiligten führen. Schlimmstenfalls finden sie sich einfach damit ab, dass sie an der unbefriedigenden Situation erst mal nichts ändern können. Gleichzeitig kann man dieses Gefühl der Resignation aber auch als einen Zwischenschritt wahrnehmen, als Phase der Trauer über den Abschied von der perfekten Lösung.

Wenn man die Trauer erst einmal verarbeitet hat, dann können durch die Erkenntnis, dass es die perfekte Lösung nicht gibt, auf einmal ganz neue Ideen entstehen.

Es entsteht Leichtigkeit anstelle von Schwere.

Der Alternativansatz

Wenn die Klinikleitung in besagtem Krankenhaus nicht länger planen, sondern handeln wollte, sähe die Situation ganz anders aus. Sie könnte sich als erste Maßnahme auf die Suche nach Mitarbeitern machen, die nur darauf warten, den Freiraum zu bekommen, um endlich etwas tun zu können. Oft arbeiten diese Mitarbeiter auf kleinen Inseln im Krankenhaus, in denen man eine produktive Art gefunden hat mit der aktuellen Situation umzugehen.

Eine dieser Inseln war die Notaufnahme, in der sich drei Krankenpfleger mit zwei Ärzten zusammengesetzt hatten, um sich Gedanken zu machen. Die Abteilung war chronisch unterbesetzt, was immer wieder zu Spannungen zwischen den Mitarbeitern führte. Dennoch herrschte der gemeinsame Wunsch vor, endlich mal wieder produktiv zusammenzuarbeiten. Die fünf Männer tüftelten einen Plan aus, wie sie durch eine andere Arbeitsorganisation den Patienten besser und schneller helfen könnten – mit weniger Personal. Ihnen gelang das, indem sie anfingen, über ihre eigene Rolle hinaus zu denken. Von da an legten auch die Ärzte mal schnell einen Verband an, wenn die Pfleger gerade zu tun hatten, oder die Pfleger sprangen kurz in die Rolle der Sekretärin, wenn Not am Mann war. Die Gruppe fing probeweise mit einer Schicht an, und als sie feststellten, dass sie die Arbeit so tatsächlich besser bewältigen konnten, luden sie ihre Kollegen ein, es ihnen nachzutun.

In der Palliativabteilung passierte unterdessen Ähnliches, auch hier fanden ein paar Angestellte Mittel und Wege, mit der neuen Situation umzugehen. Nicht, weil ihnen jemand den Auftrag dazu gegeben hatte. Sondern weil sie einfach gute Arbeit abliefern wollten – und sich dazu geeignete Konditionen selbst schufen, wo das ging.

Der Stein für das gesamte Krankenhaus kam ins Rollen, als sich die Mitarbeiter, die in ihren Abteilungen kleine Veränderungen initiiert hatten, zum Austausch trafen. Das Gespräch war ungemein inspirierend, daher luden sie zum nächsten Treffen ein paar Kollegen aus anderen Abteilungen ein, die neugierig geworden waren.

Selbst da, wo die Probleme unlösbar erscheinen, gibt es immer auch ein paar Menschen, die einfach schon mal damit anfangen, sie zu lösen, statt abzuwarten, bis die angeforderten Analysen fertig sind. In dem Krankenhaus waren genau diese Menschen der Schlüssel zur Lösung. Sobald sie sich getroffen und gegenseitig unterstützt hatten, war die Stimmung umgeschlagen, da durch das Gefühl, gemeinsam an den Problemen zu arbeiten, unglaublich viel Energie und Kreativität freigesetzt wurde. Die Probleme waren zwar nicht über Nacht verschwunden, aber sie hielten den Betrieb auch nicht mehr in ihrem Bann. Und genau das war der entscheidende erste Schritt zur Besserung.

Die Hürde der Gemeinsamkeit

Die dritte Hürde, die man überwinden muss, wenn man nicht immer nur weiter planen, sondern etwas tun will, ist eine Art Umkehrung der vorherigen Hürde. Genauso, wie eine Fragestellung derart komplex sein kann, dass der Wunsch, sie auf einmal lösen zu wollen, übermächtig wird, gibt es, vor allem in größeren Organisationen, ein großes Bedürfnis, die Komplexität auf ein Minimum zu reduzieren. Dies scheint möglich durch gemeinsames Handeln, klare Strategien und Linien sowie einheitliche Standards und Regeln, die ausnahmslos für alle gelten. Und gleichzeitig sorgt dieser Wunsch nach Homogenität auf sehr effektive Art dafür, dass am Ende gar nichts passiert, weil die Forderung nach Gemeinsamkeit jegliche Aktivität von Vornherein lahmlegt.

Fast alle Menschen, die an Besprechungen mit Kollegen, Untergebenen und Vorgesetzten teilnehmen müssen, in denen es darum geht,
Dinge zu entscheiden, an die sich alle halten sollen, sind mit dieser Hürde
schon einmal konfrontiert worden. Meist verstricken sich die Beteiligten
in endlos langen Diskussionen, obwohl sie sich grundsätzlich einig zu
sein scheinen.

Der Standardansatz

So ergeht es auch dem Team von Altenpflegern, die mit der Leiterin ihrer
Abteilung darüber diskutieren, wie sich der Informationsfluss unterein-
ander verbessern ließe. Mit schöner Regelmäßigkeit kommt es vor, dass
Pflegerin A etwas am Morgen mit einem Patienten bespricht, an das
Pfleger B sich dann am Nachmittag nicht hält, weil er nicht darüber
informiert war. Die Teamleiterin hält diesen Zustand für dringend
verbesserungswürdig und hat sich daher ein Formular ausgedacht, das
die Pflegekräfte künftig ausfüllen sollen, sobald sie mit einem Patienten
eine neue Absprache getroffen haben.

Die sich an diesen Vorschlag in der Teambesprechung anschließende Diskussion ist beinahe unvermeidlich. Einige der Angestellten befinden die Idee für gut und signalisieren Zustimmung. Eine Pflegerin
vermisst auf dem Formular jedoch eine bestimmte Information, die sie
neulich dringend gebraucht hätte, und will diese daher gerne noch
ergänzt wissen. Ein anderer Kollege hält die Schreibarbeit grundsätzlich
für überflüssig und hält dagegen, sie könnten doch auch einfach versuchen, die mündliche Übergabe beim Schichtwechsel zu verbessern.
Wieder eine andere Kollegin hat damit erst letzte Woche eine schlechte
Erfahrung gemacht und ist der Überzeugung, dass dies keinesfalls
funktioniere. Und so geht es munter weiter.

> **Wenn alle sich auf eine gemeinsame Linie einigen müssen, ist die Gefahr groß, dass am Ende nichts oder zumindest nicht viel passiert.**

Das Formular wird also entweder im Anschluss an die Debatte erst mal überarbeitet und anschließend erneut besprochen oder die Teamleiterin spricht ein Machtwort und entscheidet über alle Köpfe hinweg, wie es künftig gehandhabt werden soll. Eventuell wird die Diskussion auch erst mal vertagt, damit jeder noch mal über die Vorschläge nachdenken kann, ehe sie erneut durchgesprochen werden. Egal welche dieser Möglichkeiten eintritt: Am bestehenden Problem hat sich dadurch noch nicht viel geändert. Und selbst wenn die Teamleiterin verfügt, dass ein jeder das Formular künftig auszufüllen hat, ist die Wahrscheinlichkeit hoch, dass die widerwillig notierten Informationen am Ende niemandem weiterhelfen.

Fazit:
Sobald man es mit denkenden Menschen zu tun hat, die verantwortlich handeln wollen, führt jede erzwungene Gemeinsamkeit automatisch zu Diskussionen und im Endeffekt zu Scheinlösungen, mit denen sich am eigentlichen Problem nicht viel ändert.

Der Gedanke, dass sich ein bestimmtes Problem wie das Teilen von Informationen über die Patienten im Pflegeheim am besten lösen lässt, indem man allen Beteiligten genau vorschreibt, was sie zu tun haben, geht an ihrer Professionalität vorbei. Da niemand sich gerne vorschreiben lassen mag, wie er seinen Job zu erledigen hat, endet jeder Versuch einer

Regulierung unweigerlich damit, dass die Angestellten alle möglichen Strategien entwickeln, um ihre Freiräume zu erhalten. Beispielsweise indem sie die neue Maßnahme infrage stellen oder indem sie stillen Ungehorsam praktizieren und sich einfach nicht an die Vorgaben halten. Sobald eine hundertprozentige Übereinstimmung aller Beteiligten das Ziel ist, halten diese sich garantiert an jenen fünf Prozent der Regelung auf, denen man nicht zustimmt.

Am Ende bleibt dann bei allen der Eindruck zurück, dass sie es nicht mit einem Team, sondern mit lauter Einzelkämpfern mit obendrein hoch divergierenden Auffassungen zu tun haben. Vorschläge werden eben nicht als Angebote, sondern als Anordnung betrachtet, etwas zu tun, und daraus entsteht fast zwangsläufig Aversion. Am Ende landet dann so mancher grundsätzlich gute Vorschlag im Mülleimer.

Der Alternativansatz

Die Teamleiterin entscheidet sich nach einem weiteren endlos langen Treffen ohne produktives Ergebnis für eine radikale Umkehr. Bei der nächsten Zusammenkunft verkündet sie, dass der Vorschlag mit dem Formular vom Tisch sei. Sie wolle noch einmal von vorne anfangen. Es sei in den vergangenen Tagen zu drei schweren Pannen gekommen, ruft sie in Erinnerung und fragt in die Runde, ob sich alle einig seien, dass dies nicht wieder passieren solle. Daneben gab es unzählige Fälle, in denen der Informationsfluss eigentlich problemlos verlaufen ist, was sie ebenfalls erwähnt. Sie wertet dies als ein Zeichen, das Problem zwar ernst zu nehmen, es aber nicht überproportional aufzublasen.

Am Ende schlägt die Teamleiterin vor, zunächst Dreierteams zu bilden, die anhand eines Beispiels aus dem Arbeitsalltag, bei dem der Informationsaustausch gut gelungen ist, die Erfolgsfaktoren zusammentragen und gemeinsam überlegen, warum es in dem Fall so gut funktioniert hat. Dann bittet sie diejenigen, die an den drei Pannen beteiligt waren, sich zusammenzusetzen und miteinander zu klären, was warum wo genau schiefgegangen ist – und was sie beim nächsten Mal anders machen könnten.

> **Wenn sich Menschen freiwillig zusammensetzen, um für ein Problem Lösungen zu entwickeln, arbeiten sie viel eher mit- als gegeneinander, mit sichtbaren Ergebnissen.**

Das Ergebnis dieses zweiten Treffens erscheint zunächst unspektakulär – und entfaltet dennoch nachhaltig Wirkung. Der entscheidende Punkt dabei ist, dass sich die Pfleger auf einmal für den Informationsfluss verantwortlich fühlen, da es kein Formular mehr gibt, auf das sie sich berufen oder hinter dem sie sich verstecken können.

Wenn man den positiven Effekt erleben möchte, der damit einhergeht, dass man das zwanghafte Denken in Gemeinsamkeiten durchbricht, kann man ein Experiment wagen. Wenn man das nächste Mal im Beruf mit seinem Team oder in der Freizeit im Verein wieder mal in endlosen Diskussionen stecken bleibt, einige man sich einfach nur darauf, an ein konkretes Problem mit diesem neuen Ansatz heranzugehen und zu experimentieren. Am besten eignen sich hierzu übrigens jene Themen, die dazu führen sollen, dass die Teammitglieder etwas tun – bei denen sie als Handelnde angesprochen werden und nicht (nur) als Entscheider.

Für die Dauer des Gesprächs gilt dann nur eine einzige goldene Regel: Es dürfen keine Versuche unternommen werden, eine gemeinsame

Entscheidung herbeizuführen, oder alle gemeinsam und einvernehmlich zu agieren. Formulierungen wie »Finden Sie nicht auch, dass ...« oder »Wir sollten alle ...« sind tabu. Es gilt, vor allem in persönlichen Resolutionen zu formulieren – über eigene Einsichten, die dann zu individuellem Handeln führen.

So geht es auch

Ich habe einmal ein Managementteam als Moderator bei einem solchen Experiment begleitet. Thema war die Einführung eines Personalgesprächszyklus – also einer Strukturvorgabe, nach der sich die Manager im Verlauf eines Kalenderjahres zu festgelegten Terminen mit ihren Mitarbeitern zu vorgegebenen Themen unterhalten sollten. So war zum Beispiel im ersten Quartal ein Gespräch über die Ziele vorgesehen, die der Mitarbeiter sich für das kommende Jahr setzte, in der Jahresmitte folgte ein Gespräch, bei dem überprüft werden sollte, wie nahe er diesem Ziel bisher gekommen war, und schließlich, gegen Ende des Jahres, ein abschließendes Beurteilungsgespräch.

Der Personalchef hatte diese Aktion mit seinem Team bestens vorbereitet, sie hatten exakte Vorgaben ausgearbeitet, wie und wann die Gespräche zu führen seien, und zudem alles in einem Leitfaden dokumentiert. Dem Mann ging es vor allem darum, die Einführung dieser Maßnahme wie vorgegeben zu beschließen und dann auch durchzuführen.

Das war der traditionelle Weg. Der Weg, von dem man sich schon im Voraus vorstellen kann, wie er scheitert.

In unserem Vorbereitungsgespräch beschloss der Personalchef daher, ein Experiment zu wagen und einen anderen Weg einzuschlagen. Dazu ging er sein Vorhaben nicht damit an, dass alle Manager seine Vorgabe absegnen und anschließend per Dekret umsetzen sollten, sondern mit einer viel offeneren Anfangsfrage. Dieser Abschied von der Steuerung per Beschluss war die erste Hürde, denn der Personalchef war felsenfest davon überzeugt, dass das entworfene Instrument das bestmögliche war und dass man seinem Fachwissen vertrauen und nicht probieren sollte, den Leitfaden infrage zu stellen.

Der erste Durchbruch erfolgte, als ich den Personalchef fragte, wie groß er die Chance einschätze, dass die Manager seine Vorgaben auch wie gewünscht – und im Konsens beschlossen – ausführten. Nicht besonders hoch, lautete seine Einschätzung, aber er tröstete sich damit, dass er mit dem gemeinsamen Beschluss immerhin etwas »in der Hand« habe. Zwar würde die Mehrzahl der Manager so einen Beschluss mittragen und eher halbherzig umsetzen – eben genau so, dass ihnen hinterher niemand vorwerfen konnte, sie hätten nichts getan. Aber das wäre besser als nichts. Restlos überzeugen von dem Experiment konnte ich den Personalchef erst mit dem Versprechen, dass er den angestrebten Beschluss jederzeit noch herbeiführen könnte, sollte er mit dem Ergebnis der Besprechung nicht zufrieden sein.

> Wer nicht mehr die Gemeinsamkeit betont,
> sondern sich einläßt auf persönliche Unterschiede,
> der wird mit überraschenden Ergebnissen belohnt.

Bei dem anberaumten Treffen mit den Managern ergriff der Personalchef also das Wort und erzählte zunächst kurz und sehr persönlich, warum er das Führen von Personalgesprächen für wichtig erachte. Fast nebenbei erwähnte er, dass er aus diesem Grund einen entsprechenden Leitfaden habe erarbeiten lassen, um die Manager bei der Führung der Mitarbeitergespräche zu unterstützen. Dann folgte, statt einer Vorgabe, die erste Frage an seine Kollegen: »Wie wichtig finden Sie persönlich Personalgespräche?« Nach einigen verwunderten Blicken in die Runde begann der Erste, darauf zu antworten. Er persönlich finde die Gespräche zwar wichtig, erlebe sie aber oft als abgehoben vom Arbeitsalltag, als etwas gekünstelt. Das bekomme er auch immer wieder von seinen Mitarbeitern als Feedback zu hören. Darum halte er mehrere Mitarbeitergespräche pro Jahr für übertrieben.

Ich spürte den Puls des Personalchefs, der neben mir saß, immer schneller schlagen. Er wollte gerade zu einer Antwort ansetzen, als einer der Manager ihn anschaute und sagte: »Experiment! Was tun wir jetzt?« Alle lachten, man einigte sich, noch ein paar klärende Fragen an den ersten Redner zu stellen und dann jedem die Möglichkeit zu geben, seine persönliche Perspektive zu schildern. Das funktionierte erstaunlich gut, die Stimmung wurde immer besser, und am Ende stand fest, dass nicht wenige Manager diesen Mitarbeitergesprächen kritisch gegenüberstanden.

Gleichzeitig passierte jedoch noch etwas anderes: Die Beiträge wurden immer positiver. Während die Manager anfangs noch ihre Reserviertheit betonten, stellten sie im Verlauf der Sitzung immer mehr Fragen. Die Tatsache, dass sie offen und ehrlich skeptisch sein durften, führte dazu, dass sie ihre Skepsis immer weniger betonten. Exemplarisch war einer der letzten Beiträge, als einer der Manager in die Runde fragte, ob sie Ideen hätten, wie er die ungeliebten Gespräche um einiges effektiver führen könnte.

Nach einer kurzen Pause lief es dann beinahe wie von selbst. Der Personalchef bat alle Anwesenden um ein kurzes Statement, wie sie das Thema Mitarbeitergespräche angehen wollten. Es entstand ein bunt gemischtes Bild, aber kein einziger Teilnehmer verkündete, die Gespräche nicht führen zu wollen. Viele bezogen sich sogar auf den angebotenen – nicht vorgeschriebenen – Leitfaden und sagten, sie wollten einiges davon ausprobieren. Abschließend fragten sie den Personalchef noch, ob sie bei ihm an die Tür klopfen dürften, wenn sie weitere Unterstützung bräuchten. Die Vorschläge ergänzten sich, und nicht wenige schrieben mit, wenn ein Kollege eine gute Idee hatte.

Am Ende der zweiten Runde bat ich den Personalchef um ein kurzes Fazit in Bezug auf seine Zufriedenheit und das Gefühl, ob er seine Ziele erreicht habe. Er zögerte kurz, atmete tief aus und sagte: »Das alles hätte ich nicht für möglich gehalten.« Zwar sei im Gespräch deutlich geworden, dass sich nicht alle an den Leitfaden halten wollten, aber er habe noch nie so viel Verbindlichkeit gespürt wie diesmal. Er sei sich absolut sicher, dass diesmal alle das Ihre zum Gelingen des Projekts beitragen würden. Und das klinge für ihn fast zu schön, um wahr zu sein.

Fazit:
Es ist erstaunlich, wie viel Ballast man abwerfen kann, wenn man aufhört, an andere zu appellieren, und, statt Gemeinsamkeit zu erzwingen, darauf setzt, dass sie aus freiem Willen entsteht. Der freie Wille ist es, der im Endeffekt dazu führt, dass alle etwas tun – und nicht im Reden darüber stecken bleiben.

Die Hürde der Hierarchie

Die vierte Hürde, die es zu nehmen gilt, wenn man vom Planen zum Handeln kommen will, besteht darin, nicht länger in Hierarchien zu denken. Das heißt, man muß sich von der Überzeugung verabschieden, dass Chefs dazu da seien, für und über andere zu entscheiden. Denn wer vor allem Entscheidungen wichtig findet, der investiert viel Energie darein, zu vernünftigen Entscheidungen zu kommen.

Der Standardansatz

Wer als Chef ein Selbstverständnis als Entscheider entwickelt, der findet sich zunehmend in Situationen, in denen über die zu treffenden Entscheidungen diskutiert wird, alle Argumente abgewogen werden, immer noch eine Analyse hinzukommt, um ganz sicherzugehen. In all der wertvollen Zeit, die dabei verstreicht, passiert nichts.

> Die Notwendigkeit, als Führungskraft für andere Entscheidungen treffen zu müssen, wird im Allgemeinen stark überschätzt, denn oftmals müssen Vorgesetzte viel weniger für andere entscheiden, als sie denken.

Wie wenig solche Entscheidungen von oben, selbst wenn sie noch so sorgfältig erwogen wurden, den gewünschten Erfolg haben, erlebt man tagtäglich in allen Unternehmen, in denen die Mitarbeiter »Dienst nach Vorschrift« machen. Damit verpflichten sie sich nämlich, genau das zu tun, was ein anderer über ihren Kopf hinweg entschieden und ihnen mitgeteilt hat.

Die Tatsache, dass die Ankündigung, Dienst nach Vorschrift zu machen, in den meisten Kontexten eher eine Drohung als ein Versprechen ist, sagt genug. So war es jedenfalls bei den Fluglotsen am Frankfurter Flughafen, die, anstatt zu streiken, lediglich die Meldung herausgaben, einen Tag lang streng nach Vorschrift zu arbeiten. Das war ein Alptraumszenario für den Flughafen, auf einmal dauerte alles dreimal so lange, denn nun wurde der Mindestabstand zwischen den Starts zweier Maschinen eingehalten – und der ist nun mal viel länger als das nötige Zeitfenster, um die Maschinen tatsächlich abzufertigen. Die Fluglosen hielten sich auf einmal auch an die vorgeschriebenen Pausen, statt sie wie bisher dann einzuschieben, wenn es im Tagesablauf gerade passend war. Das Chaos war vorprogrammiert.

> Wenn Mitarbeiter genau das tun, was man ihnen vorschreibt, dann funktioniert oft gar nichts mehr. Das ist eigentlich auch gut so, schließlich werden die meisten Menschen – hoffentlich – dafür bezahlt, ihren Kopf zu benutzen und selbst nachzudenken.

Ich habe einmal einen Filialleiter bei einer Bank gecoacht, der große Schwierigkeiten hatte, sich von seinem Selbstbild als Entscheider zu verabschieden. Dabei war er ein durchaus zugänglicher und netter Mensch, obendrein beliebt bei seinen Mitarbeitern. Allerdings war in der von ihm verantworteten Filiale der Krankenstand recht hoch und die Qualität der Beratung mittelmäßig bis schlecht. Außerdem dauerten alle Vorgänge auffallend länger als bei seinen Kollegen.

Er hatte sich im Laufe der Jahre in seiner Filiale zu einer Art Vaterfigur entwickelt, und weil er sich um viele Sachen selbst kümmerte und zudem darauf bestand, dass alle Entscheidungen über seinen Tisch liefen, hatte er viel zu viel zu tun. Seine Mitarbeiter kamen häufig auch mit unwichtigen Fragen zu ihm, und weil er sie unterstützen wollte, ging er stets darauf ein und tat, was seine Untergebenen von ihm erwarteten: Er traf die Entscheidungen für sie. Statt seine Mitarbeiter anzuhalten, auch mal selbst zu entscheiden, forderte er sie auf, ihm noch bessere Informationen und Analysen vorzulegen, damit er schneller entscheiden könne.

Was sich auf den ersten Blick anhört wie ein ganz normales Vorgehen in einer Bank, führte im Endeffekt beinahe zum Stillstand. Irgendwann funktionierte so gut wie nichts mehr, immer mehr Kunden beklagten sich, und jedes Mal nahm sich der Filialleiter der Sache persönlich an.

Wer jedes Detail selbst entscheiden will, dem wächst bald alles über den Kopf.

Wer einmal so ein System geschaffen hat, der kommt da nicht so einfach wieder heraus, zeigte das Beispiel des Filialleiters. Seine Mitarbeiter schoben alle relevanten Fragen auf und dachten immer weniger selber nach – und leisteten damit auch immer weniger. Dabei wurden sie doch eigentlich fürs Nachdenken bezahlt.

In Hierarchien zu denken bedeutet eine enorme Verschwendung von Ressourcen. Jene hochbezahlten Fachkräfte, denen man in der Bank nichts zutraut, (co-)managen immerhin ihren Privathaushalt, und zwar mit allen finanziellen Entscheidungen, die dazugehören. Sie wären sicher in der Lage zu erkennen, was sie selbst bestimmen können und wann es sinnvoll ist, sich mit ihrem Chef abzustimmen.

Fazit:
Je mehr ein Manager selbst entscheiden will, desto mehr werden seine Mitarbeiter sich absichern wollen, desto lauter wird ihr Ruf nach Wissen, Diskussionsrunden oder der formellen Absegnung, bevor sie etwas tun. Und wer so gut wie nichts alleine entscheiden darf, tut irgendwann auch nichts mehr.

Der Alternativansatz

Wenn man die Hürde der Hierarchie überwinden will, sollte man beim Nachdenken über die auftretenden Probleme nicht länger nach der besten Lösung und damit nach einer Entscheidung suchen, sondern nach den Menschen, die der Schlüssel dafür sein könnten, dass das bestehende Problem kreativ und engagiert angegangen wird.

Der amerikanische Autor und Managementexperte Jim Collins hat diese Tatsache wie folgt auf den Punkt gebracht: »Die wichtigste Frage ist nicht, *was* man tun sollte oder *wie* man es tun muss. Die wichtigste Frage ist, *wer* etwas tun kann, wem man zutraut, am besten an einer Lösung arbeiten zu können.«

Im Beispiel des Filialleiters war dieser Ansatz – neben allen persönlichen Gesprächen über seine Motive und Geschichte, die das Entscheiden so wichtig für ihn machten – der Schlüssel zum Wendepunkt. Zeitgleich bot ihm die Möglichkeit einer Versetzung die Chance, noch einmal neu anzufangen. Er nahm sich vor, künftig ein paar Dinge anders zu machen und nicht mehr in die Vaterfigur-Falle zu tappen. Als einer der Teamleiter zu ihm kam und eine Entscheidung erbat, war die Stunde der Wahrheit gekommen. Statt mit ihm den Inhalt der Entscheidung zu besprechen, überlegte der Filialleiter gemeinsam mit dem Fragenden, welchem Mitarbeiter man die Verantwortung für den Fall übertragen könne, inklusive der anstehenden Entscheidung.

Das mag extrem simpel klingen – aber es funktionierte Schritt für Schritt. Natürlich musste der Mann an sich arbeiten, um sein Selbstverständnis als Entscheider infrage zu stellen. Sein Fokus allerdings veränderte sich nachhaltig vom Entscheider zum Unterstützer seiner Mitarbeiter – und damit verbesserten sich am Ende auch seine Resultate.

> **Fazit:**
> Es ist erstaunlich, welche Durchbrüche Menschen erzielen
> können, wenn sie sich in entscheidenden Momenten dazu
> durchringen, einmal »Wer?« zu fragen statt »Was?« oder
> »Wie?«.
> In der Firma gibt es ein Problem mit dem Informationsfluss:
> Wer könnte mithelfen, es zu beheben? Wer agiert so, dass man
> sich davon eine Scheibe abschneiden könnte? Die Teams in den
> verschiedenen Standorten sollten besser zusammenarbeiten.
> Wen betrifft das hauptsächlich? Wer tut es schon? Wer wäre am
> ehesten dazu geneigt, diese Zusammenarbeit zu gestalten?
> Diese Fragen sind der erste Schritt, um die Veränderungen in die
> Wege zu leiten.

Die Hürde des Interesses am Status quo

Bei der fünften und letzten Hürde handelt es sich im Unterschied zu den
anderen vier um eine Art übergreifendes Motiv, von dem ausgehend die
anderen Hürden bewusst aktiviert werden können. Mit Status quo sind
all jene Situationen gemeint, in denen jemand es gar nicht so schlimm
findet, dass ein bestimmtes Problem nicht gelöst wird. Das kommt
sowohl in der Politik als auch im Arbeitsalltag ständig vor, beispielsweise
bei der Umstrukturierung in einer Firma.

Eine Finanzabteilung zum Beispiel, die bisher an allen Standorten
vertreten ist, soll zentralisiert werden. Das berührt die unterschiedlichsten
Interessen: die der Mitarbeiter, die künftig längere Reisezeiten zu ihrem
Arbeitsplatz in Kauf nehmen müssen, die der Teamleiter, denen auf einmal
das Team fehlt und dergleichen. Die einzelnen Mitarbeiter oder Teamleiter
haben dann verständlicherweise kein großes Interesse daran, dass die

Änderung vollzogen wird. Also aktivieren sie erst mal die bisher genannten Hürden, manche bewusst, andere unbewusst. Der eine verlangt nach noch mehr Wissen (Hürde 1). Der andere behauptet, das Problem sei doch eigentlich viel größer, und schlägt vor, es am besten im Zusammenhang mit allen anderen Problemen der Firma zu lösen (Hürde 2). Ein dritter verlangt eine von allen Standorten gemeinsam getragene Entscheidung, nach der für alle das Gleiche gelten soll (Hürde 3). Der Nächste fordert, immer mehr Entscheidungsgremien einzubeziehen, da die Entscheidung zu wichtig sei, um sie auf unterster Ebene treffen zu können (Hürde 4).

Der Zweck all dieser Interventionen ist immer derselbe: Das eigentliche Handeln soll aufgeschoben werden.

Wenn man die fünfte Hürde der bewussten Verzögerung überwinden will, kommt man mit Argumenten, die jeweils eine der anderen vier Hürden betreffen, nicht viel weiter. Während in allen anderen Fällen die Verzögerung eine ungeplante Folge ist, ist diesmal das Stoppen jeglichen Handelns das eigentliche Ziel. Um daran etwas zu bewirken, empfiehlt es sich eher, die unterschiedlichen Interessen zu thematisieren und darüber ins Gespräch zu kommen. Egal, ob jeder Betroffene diese Interessen nun gut findet oder nicht, sie werden immer da sein und die Beteiligten in ihrem Handeln beeinflussen.

Das Interessante an all diesen Hürden ist, dass sie einem zunächst selbstverständlich vorkommen. Ihre Logik scheint bestechend, daher sind sie in den meisten Organisationen weit verbreitet. Eben diese Selbstverständlichkeit macht die Hürden so allgegenwärtig und sorgt dafür, dass viele Menschen in den meisten Unternehmen und Verbänden weitaus weniger erreichen als geplant und zudem in viel festgefahreneren Situationen arbeiten, als eigentlich nötig wäre.

Man könnte auch einfach anfangen

Je mehr Menschen, die Probleme zu lösen versuchen, einfach handeln und experimentieren, desto schneller entwickeln sie immer bessere Lösungen. Warum das so ist, hat zwei Gründe. Erstens: Wer etwas tut und einfach anfängt, statt zu zögern, mit dem arbeiten andere gerne zusammen. Zweitens: Die überwältigende Mehrzahl der Probleme, vor die Menschen im Arbeitsleben gestellt werden, braucht keine Grundlagenforschung. Sie braucht auch nicht noch mehr Theorie, sondern mehr Praxis.

> Wer einmal in die Praxis einsteigt, der findet schneller heraus, was nötig ist, als derjenige, der lediglich darüber nachdenkt.

Der erste dieser Gründe erklärt sich beinahe von selbst, wie das folgende Beispiel zeigt:

Zwei Kollegen in einer Werbeagentur, beide sehr nette Menschen, pflegen einen interessanten Austausch über alle möglichen Belange. Eines Tages geht in der Agentur der Anruf eines Kunden ein, der um einen Konzeptvorschlag für eine kleine neue Kampagne bittet. Die beiden Kollegen sollen sich Gedanken darüber machen.

Kollege A will erst mal genau wissen, worum es geht, und erforschen, was die beste Lösung sei. Zudem weist er darauf hin, dass die Anfrage im Zusammenhang mit allen bisherigen Projekten für diesen Kunden zu betrachten sei, weshalb die damit befassten Kollegen um Erlaubnis gefragt werden müssten und der Chef ebenfalls sein Plazet dazu erteilen müsse.

Kollege B ist hingegen sofort begeistert und fängt an, gemeinsam mit den Umstehenden zu überlegen, an welchen Punkten man ansetzen könte für die Kampagne. Er schlägt vor, beim gemeinsamen Mittagessen mit ein paar Kollegen, die bereits für den Kunden arbeiten, Erfahrungen auszutauschen und ein bisschen herumzuspinnen.

Kollege A kann so nett sein, wie er will – in den meisten Fällen wird Kollege B das Projekt bekommen.

Natürlich geht es hierbei nicht um einen Beliebtheitswettbewerb, sondern darum, wie man als Teammitglied oder Führungskraft das Handeln anderer beeinflussen kann. Weil dies nämlich der Schlüssel dazu ist, wichtige Fragestellungen effektiv und dauerhaft zu lösen.

> Wer dabei immer nur planen will, der wird kaum Gelegenheit haben, seinen Einfluss geltend zu machen. Wer dagegen für andere attraktiv ist in der Zusammenarbeit, der hat auch viel mehr Einfluss auf ihr Handeln.

Der zweite Grund ist die Tatsache, dass man in den meisten Arbeitssituationen am ehesten weiterkommt, wenn man nach dem Motto »Probieren geht über Studieren« handelt. Selbst da, wo intensiv geforscht wird, wird ein Experiment nach dem anderen veranstaltet, um herauszufinden, ob das Ausgedachte in der Praxis auch funktioniert. Beispielsweise wird ein Chemiker auf der Suche nach einem Stoff, der den Abbau von Öl in Seewasser beschleunigt, in unzähligen Experimenten immer wieder neue Variationen eines Stoffes ausprobieren und die Reaktion dokumentieren, dann seine Beobachtungen auswerten und interpretieren – so lange, bis er den Stoff gefunden hat. Theorie und Praxis gehen so Hand-in-Hand und ergänzen einander, anstelle einer Dominanz der Theorie und des Planens, die jeglicher Praxisrelevanz entbehrt.

Wer viel experimentiert und ausprobiert, der lernt wirklich und schnell.

Man könnte nun denken, dass dies vor allem dann funktioniert, wenn es nicht um viel geht und man sich die Spielerei und das Ausprobieren daher erlauben könne.

Die Feuerwehr in den Niederlanden denkt das zum Glück nicht. Ihr Leitgedanke ist: Gerade wenn es um Leben und Tod geht, ist Spielen enorm wichtig. Im Umgang mit Gefahrensituationen, wenn es also wirklich darauf ankommt und nichts schiefgehen darf, überlassen die Feuerwehrmänner den Erfolg nicht detaillierten Planungen oder guten Intentionen. Sie üben vielmehr. Simulieren, probieren aus. Und das sieht dann so aus:

An einem kalten, aber klaren Wintertag um 08.00 Uhr morgens trifft sich eine Gruppe von Kommandanten der Berufsfeuerwehr auf dem Übungsplatz. Die Männer trinken noch kurz einen Kaffee miteinander und erzählen sich die jüngsten Neuigkeiten, bevor es Punkt 08.30 Uhr im Seminarraum losgeht. Das Tagesprogramm wird vorgestellt, die unterschiedlichen Rollen werden verteilt, die Lernziele definiert. Der theoretische Teil dauert genau fünf Minuten, und bereits um 08.40 Uhr brennt es im Gefängnis gegenüber – die mit einfachsten Mitteln gestaltete Simulation eines Einsatzes. Im Erdgeschoss des Rohbaus, das als Gefängnis dient, brennen zwei Paletten, das reicht als Szenario.

Die Teilnehmer schlüpfen abwechselnd in die Rolle des Kommandanten, um unter anderem zu üben, wie sie den Brandverlauf strategisch am besten steuern, und trainieren außerdem ihre Führungsqualitäten sowie ihr Einschätzungsvermögen, während die anderen als Feuerwehrmänner, Gefängniswärter und Gefangene agieren. Der fingierte Einsatz dauert 20 Minuten, dann bläst der Übungsleiter zum Abpfiff. Es folgen ein kurzer Austausch vor Ort, herzhaftes Gelächter über einige kleinere Unzulänglichkeiten und den falschen Schnurrbart eines Kollegen, danach steht die abschließende Auswertung im Seminarraum an. Der Übungsleiter führt jeweils zehnminütige persönliche Gespräche mit den verschiedenen »Kommandanten«. Währenddessen erklärt ein Kollege den Wartenden bereits das nächste Szenario: Feuer im Krankenhaus mit einem Brandherd unweit des Labors, in dem radioaktive Stoffe gelagert sind. Kurz darauf löst jemand Brandalarm aus, und der erste Wagen rückt aus. Bald darauf folgt ein zweiter, da der fingierte Brand sich ausbreitet. Es folgt eine kurze Konfrontation mit einem Arzt, der die Gefährlichkeit des radioaktiven Stoffes nur in unverständlichem Fachchinesisch erklären kann. Dann erneut Abpfiff.

So geht es den ganzen Tag – mit hohem Tempo wird ein Szenario nach dem anderen durchgespielt. Zwischendurch unterhalte ich mich mit einigen Teilnehmern und frage: »Vermissen Sie bei dem Ganzen denn nicht die Theorie?« Die Männer schauen mich mit großen Augen an, und einer lässt sich zu der ironischen Bemerkung hinreißen, er sei vor allem deshalb Feuerwehrmann geworden, weil er Theorie und Abstraktion in der Schule so sehr vermisst habe.

»Gut, aber diese Übungen sind aber schon recht kindisch«, wende ich ein. »Ein Rohbau ist nun wirklich etwas anderes als ein echtes Gefängnis, und dieses lächerlich kleine Feuer kann ja selbst ich ohne jede Erfahrung innerhalb von zwei Minuten löschen. Und überhaupt: Was soll der Scherz mit dem angeklebten Schnurrbart? So wird man doch nicht darauf vorbereitet, Leben zu retten, wenn es darauf ankommt.«

Wieder folgen verständnislose Blicke. »Es geht überhaupt nicht um das Feuer«, erklärt mir ein Kommandant. »Löschen haben wir bereits zur

Genüge gelernt, das müssen wir nicht mehr üben. Hier geht es um die Essenz. Das Feuer dient bloß dazu, dass uns beim Betreten des Gebäudes Hitze und Rauch entgegenschlagen und ein Adrenalinschub ausgelöst wird, damit Stress und Angst aufkommen. Den Rest«, sagt er weiter, »den denken wir uns einfach dazu. Wie Kinder, die selbst im kleinsten Sandkasten die Gebirgslandschaften der Alpen sehen können.«

»Wie funktioniert dieser Lernprozess denn nun im Detail?«, hake ich nach.

»Mit all diesen Szenarien stelle ich eine Art Karteikasten mit verschiedenen Situationen, Eindrücken und Konstellationen zusammen«, erklärt er mir. »Jedes Mal, wenn ich zu einem echten Brand komme, rotieren bei mir im Kopf die Karteikarten mit den verschiedenen Bildern. Wichtig ist vor allem die Geschichte, die Konstellation bei der Übung. Dazu braucht es oft nur einen ganz kleinen Auslöser, und schon sind alle Erkenntnisse wieder abrufbar. Ich erinnere mich an mein Gefühl während der Simulation, wie ich auf das Gefängnis blickte, wie meine Männer umherliefen und ich auf einmal nicht mehr wusste, wer wo war. Dann höre ich den Übungsleiter wieder, wie er mir Tipps gibt. Es ist, als hätte ich seine Stimme verinnerlicht, während ich mich in den echten Brand stürze. Auf einmal erkenne ich dann, dass ich zu tief drinstecke, dass ich rausmuss aus dem Gewusel und mir aus einiger Entfernung einen Überblick von der Lage verschaffen muss. Und wenn mir das jemand tausendmal im Seminarraum erzählen würde, wäre das nicht das Gleiche, wie wenn ich es selbst erlebt und ausprobiert habe. Die Erfahrung sorgt für die Erinnerung.«

Die Kommandanten, die zugehört haben, nicken zustimmend. Es ist für sie nichts Neues – das Ausprobieren ist Teil ihres Lern-Alltags, weil im echten Leben eben nichts schief gehen darf.

Nichts ist lächerlich oder kindisch beim Probieren und Üben, sondern das Üben macht alles denkbar und möglich. Wer spielt, fängt einfach an. Tut etwas. Wartet nicht auf den richtigen Moment und hat auch keine Angst vor Peinlichkeiten, sondern erkennt den Spaß dabei und lässt sich ein auf das, was passiert.

Wenn man anfangen will zu spielen, kann man von den Kommandanten viel lernen. Es gab weder eine ausufernde Diskussionen zu Beginn des Übungstages, mit welcher der Anfang des Spielens hinausgezögert werden sollte, noch sonstige lange Besprechungen, Analysen oder Vorgaben. Vielmehr herrschte bereits um 08.15 Uhr gelassene Unruhe, weil alle gespannt darauf warteten, wann es denn losgeht. Der Fokus war bei der Feuerwehrübung stets auf den Kern der Sache gerichtet, auf das, worauf es ankam. Selbst ein Rohbau war ausreichend, um im Laufe eines Tages ohne weitere Requisiten als Gefängnis, Krankenhaus, Garage und Supermarkt zu dienen.

Wenn man wirklich anfangen will, etwas zu verändern, muss man anfangen und aktiv werden, auch wenn die Umstände nicht perfekt sind. Spielen eben.

Kurz und prägnant

→ Kinder, die einen Turm aus Bauklötzen bauen, belegen vorher keinen Workshop. Wer spielt, braucht nicht viel Planung.

→ In vielen Organisationen besteht das größte Problem nicht darin, die richtigen Lösungen zu finden, sondern dafür zu sorgen, dass das Richtige auch tatsächlich passiert. Beim spielerischen Ansatz steht das Handeln über der Planung, geht das Probieren über das Studieren.

→ Wer endlich etwas tun will, muss zunächst mehrere Hürden überwinden, damit er nicht immer noch weiter plant, analysiert und forscht.

→ Wer diese Hürden überwunden hat und handelt statt zu planen, erzielt bessere Ergebnisse, weil andere gern mit ihm zusammenarbeiten und weil er in der engen, kleinschrittigen Interaktion zwischen Theorie und Praxis schneller Lösungen findet.

3 Mit anderen Spielen

Man kann alleine spielen oder mit anderen. Manche Menschen finden es einfacher, alleine zu spielen, weil sie dann völlig aufgehen können in dem, was sie gerade tun. Während der eine an alten Autos herumschraubt, bastelt der andere an seiner Modelleisenbahn, ein dritter macht Gartenarbeit, und der Nächste geht ausreiten. Nicht jeder wird diese Aktivitäten unter Spielen verbuchen, dennoch haben sie alle einiges gemein: dass fast ein jeder sie mit einer spielerischen Haltung angeht, mit Leichtigkeit, um ihrer selbst willen, aktiv, und dabei die Zeit vergisst, weil er ganz eintaucht in das, was er gerade tut.

Spielerisch leichte Zusammenarbeit

Der amerikanische Psychologe Mihaly Csiksyentmihalyi interessierte sich für die Momente des vollständigen Aufgehens in einer Tätigkeit, weil er sie in den Zusammenhang mit dem Glücklichsein von Menschen stellt. In seinen Forschungsarbeiten über die »Psychologie der optimalen Erfahrung«, nennt er diesen Zustand *Flow*.

> Wenn ein Mensch im Flow ist, dann passen alle neue Informationen und Stimuli zu seinen Zielen, und er konzentriert sich voll und ganz auf den Moment. Er ist dann weder mit sich selbst beschäftigt noch mit der Frage, wie er gerade bei anderen ankommt oder ob er sich kompetent verhält. Darum ist für Csikszentmihalyi Flow der Zustand des Glücklichseins.

Flow kann man auch in der Zusammenarbeit mit anderen erleben – aber den meisten Menschen fällt dies eher schwer. Schließlich muss, wer alleine ist, sich nicht auf andere einstellen oder anpassen, auch fühlt er sich nicht beobachtet und muss keine Erwartungen erfüllen. Daher verwundert es nicht, dass viele Erwachsene, wenn sie von Spielerfahrungen berichten, sich vor allem auf Situationen beziehen, in denen sie alleine waren. Wem es allerdings gelingt, gemeinsam mit anderen in einen Zustand der gegenseitigen Ergänzung, kompletten Konzentration und Leichtigkeit zu gelangen, der ist zumeist nicht nur hellauf begeistert von diesen Momenten, sondern laut Forschung auch noch auf dem Höhepunkt seiner Produktivität und Kreativität. Dies gilt zum Beispiel für eine Fußballmannschaft, bei der alles wie am Schnürchen läuft: ein perfektes Bild von gegenseitiger Ergänzung, kompletter Konzentration und Leichtigkeit – inklusive der positiven Ergebnisse.

Sosehr positive Arbeitserfahrungen alle Beteiligten beflügeln können, so sehr kann eine schlechte oder schwierige Zusammenarbeit mit den Kollegen dazu führen, dass jemand ungewollt den Tiefpunkt seiner Leistungsfähigkeit erreicht und keine einzige neue Idee produziert. Ob die Zusammenarbeit harmonisch ist oder nicht, hängt von den beteiligten Menschen ab und davon, wie gut sie zueinander passen oder ob sie sich gegenseitig wertschätzen. Aber das ist nicht alles.

Wer sich vom Spielen inspirieren lässt, kann einige Handlungs- und Denkweisen erlernen, die jede Zusammenarbeit besser machen.

Dies bedeutet, dass ein jeder Mensch es zu einem großen Teil selbst in der Hand hat, ob er durch gute Zusammenarbeit immer neue Höhepunkte der Produktivität und Kreativität erreicht. Wenn beide dieses Handwerkszeug beherrschen, werden sie schnell zum genialen Doppel und mit noch mehr Menschen dabei zum idealen Team.

Wer spielerische Zusammenarbeit auf höchstem Niveau beobachten will, sollte sich Improvisationstheater anschauen. Denn dabei müssen die Schauspieler aus dem Stegreif etwas erschaffen. Zum einen existiert für sie keine vorgegebene Rolle, zum anderen sind sie komplett von ihren Mitspielern abhängig. Wenn das Gegenüber nicht mitmacht oder gar aus der Rolle fällt, geht gar nichts mehr. Bei einem feststehenden Skript dagegen kann man sich auf den Text stützen, einfach weitermachen und hoffen, der andere möge in seine Rolle zurückfinden.

Diese Voraussetzungen für das Improvisationstheater sind zahlreichen Arbeitssituationen ähnlich. Nicht, weil dort dauernd improvisiert werden muss – das ist in vielen Kontexten verpönt, dann hat man seinen Job nicht im Griff –, sondern weil es für die meisten Situationen, in denen Menschen mit anderen zusammenarbeiten müssen, kein vorgegebenes Drehbuch gibt, in dem genau steht, was wer zu welchem Zeitpunkt zu sagen hat. Ein jeder reagiert also immerzu auf das, was der andere gerade geäußert oder getan hat, um etwas Neues zu erschaffen. Genau wie beim Improvisationstheater.

Wenn man von der Kunstfertigkeit der Schauspieler lernen möchte, muss man sich nur eine solche Improvisationsvorstellung im Geiste ausmalen. Man steht also auf der Bühne vor ausverkauftem Saal, und die Zuschauer rufen einem vier Wörter zu, beispielsweise »Küche«, »schlafen«, »rosa« und »Streit«. Daraus soll man jetzt zusammen mit dem Bühnenpartner einen Dialog entwickeln, der im besten Fall auch noch witzig ist. Der Partner signalisiert, dass er anfängt, schaut sich ein bisschen in einem fiktiven Raum um, mustert einen und sagt: »Warum hast du dir eigentlich einen rosa Herd ins Schlafzimmer gestellt?«

So, und jetzt ist man selber dran.

Der innere Kritiker

Für die meisten Menschen fängt hiermit der schwierige Teil des Improvisationstheaters an, denn es gibt dabei nur einen Weg, der zum Erfolg führt – und der beginnt mit »Ja, und ...«. Dabei muss man sich voll und ganz auf den ersten Satz seines Gegenübers einlassen, alle fragenden Gedanken, die in einem aufkommen, komplett ignorieren und voller Vertrauen einsteigen in die Geschichte, die der andere gerade begonnen hat. Mit dem eigenen Satz baut man allerdings nicht nur auf die gelegte Grundlage auf, sondern kann der Geschichte zugleich eine neue Wendung geben. Diese benutzt der Partner dann für seinen nächsten Schritt, ehe man selbst wieder an der Reihe ist, und so geht's immer weiter.

Viele Menschen haben Angst, dass ihnen kein witziger erster Satz einfällt, doch darum geht es gar nicht. Die Schwierigkeit besteht vielmehr darin, die innere kritische Stimme auszuschalten. Sie liefert nämlich – ungefragt, versteht sich – all die relevanten Informationen und Gründe dafür, warum der erste Satz des Partners nun wahrlich kein guter Anfangssatz ist. Die kritische Stimme könnte sich zum Beispiel so anhören:

→ Wie kommt der denn bloß auf Schlafzimmer? Die Zuschauer haben doch Küche gesagt.

→ Wie soll ich denn jetzt hier irgendetwas draus machen? Jetzt muss ich wieder dafür sorgen, dass es klappt. Hat er denn etwa vergessen, dass wir uns an die vorgegebenen Wörter halten müssen?

→ Was soll überhaupt der Quatsch mit dem rosa Herd? Wir sind hier doch nicht im Kinderzimmer.

→ Mein erster Satz hätte ja mit dem Wort »Streit« angefangen, da steckt wenigstens Energie drin.

So könnte es immer weitergehen. Man könnte die kritische Stimme auch auf den Satzanfang »Ja, aber ...« – statt des verbindenden »Ja, und ...« – reduzieren, denn sie arbeitet gegen und nicht für ein Miteinander. Und das ist gefährlich, denn in dem Moment, in dem man die kritische Stimme zulässt, während man auf der Bühne steht, hat man verloren.

Für manche Menschen klingt die kritische Stimme auch anders, eher wie ein innerer Nörgler. Der innere Nörgler richtet sich vor allem auf einen selbst und könnte sich zum Beispiel so anhören:

→ Herrje, schon wieder bin ich zu spät. Ich bin einfach zu langsam, jedes Mal ist der andere schneller mit dem ersten Satz. Wie ärgerlich!

→ Wie stehe ich überhaupt hier! Völlig eingesackt, aufrichten muss ich mich, wie kann ich das nur dauernd vergessen!

➡️ Außerdem habe ich mir noch immer keine Antwort überlegt, das muss alles schneller gehen!

➡️ So wird das nie was mit dem gekonnten Improvisieren ...

Welche Form die kritische Stimme auch annimmt, ihre Wirkung ist immer gleich. Derjenige, der sie hört, ist so sehr damit beschäftigt, sich ein Urteil zu formen über das, was ihm da an negativen Gedanken angeboten wird, dass in seinem Kopf kein Raum mehr bleibt, um einen nächsten Satz zu formulieren.

Um die kritische Stimme mundtot zu machen, bedarf es einer Art inneren Selbstzensur – indem man eine andere Stimme im Kopf aktiviert, die dem inneren Kritiker den Mund verbietet. Auf der Bühne des Improvisationstheaters könnte die korrektive Stimme zum Beispiel sagen: Ganz interessant, wie mein Partner da anfängt. Vor allem der Teil mit dem rosa Herd ist witzig, mal sehen, was sich daraus basteln lässt.

> **Die hilfreiche Stimme, die das »Ja, und ...« unterstützt, zeichnet sich fast immer durch Offenheit und Neugierde aus.**

Der Erfolg der Darsteller beim Improvisationstheater liegt nicht so sehr darin begründet, wie sie konkret handeln, sondern in ihrer Haltung. Sie bestimmt, ob die Zusammenarbeit der Akteure mehr schlecht als recht verläuft, oder ob sie besser nicht sein könne. Man könnte die mögliche Haltung, mit der man die Zusammenarbeit angeht, als zwei unterschiedliche Strategien beschreiben: Die »Ja, und...«-Strategie, und die »Ja, aber...«-Strategie.

Der Einfluss des inneren Kritikers

Welchen Effekt die beiden Strategien auf die beteiligten Personen haben, lässt sich bei Kindern geradezu perfekt beobachten:

Zwei Kinder wollen zusammen einen Turm bauen. Das erste Kind fängt an und legt ein paar Steine als Fundament aneinander, wobei es seine ganz persönliche Vorstellung von einem Turm realisiert. Geht das zweite Kind mit der Haltung »Ja, aber ...« an die Sache heran, wird es zu dem Schluss kommen, dass das gelegte Fundament nicht gut zu seiner eigenen Vorstellung von einem Turm passt. Es wird also die Steine zur Seite schieben, um auf der Grundlage des eigenen Bildes den Turm zu beginnen. Das erste Kind wird sich darüber ärgern und die Steine seines Spielpartners ebenfalls zur Seite schieben. So geht es dann immer weiter, und das Einzige, was dabei entsteht, ist ein konstantes Abwinken und Ablehnen dessen, was der jeweils andere tut.

Genau so laufen zahlreiche Teammeetings tagtäglich in Unternehmen ab. Jemand macht einen Vorschlag, der Nächste erkennt die Schwachstellen daran, benennt diese und schiebt den Vorschlag damit zur Seite, um seinen eigenen Vorschlag zu unterbreiten. Darauf reagiert dann ein anderer mit Kritik, und so lässt sich locker eine Besprechung von mehreren Stunden Dauer füllen. Am Ende kommt wirklich nichts dabei heraus, und die meisten Teilnehmer werden am Abend auch nicht voller Begeisterung zu Hause erzählen, wie toll es mal wieder auf der Arbeit war.

> Dank der Einstellung »Ja, aber ...« kommt zwar ein lebhafter Dialog zustande, aber ein gemeinsamer Nenner und ein zufriedenstellendes Ergebnis sind damit kaum möglich.

Das Schöne an Kindern ist, dass sie in ihren Emotionen so ehrlich sind. Wenn man einmal ausprobieren möchte, welchen Effekt die »Ja-aber«-Strategie auf die Motivation aller Beteiligten hat, schlage ich folgendes Experiment vor.

Man suche sich einen Spielkameraden, egal ob Junge oder Mädchen, im besten Spielalter und mit einer großen Begeisterung für Bauklötze, so zwischen vier und acht Jahren. Man schlage ihm vor, zusammen einen Turm zu bauen, und frage: »Mit welchem Stein möchtest du anfangen?« Höchstwahrscheinlich wird der Spielkamerad den Stein dann nicht beschreiben, sondern ihn einfach in die Hand nehmen und anfangen. Das wäre dann schon der erste Unterschied zu einer Projektbesprechung in Ihrer Firma ...

Um die »Ja-aber«-Strategie in die Tat umzusetzen, betrachte man nun den ausgewählten Stein, mäkele an ihm herum und schiebe ihn zur Seite. Anschließend stelle man erneut die Frage, mit welchem Stein der Spielkamerad anfangen wolle, und verfahre dann weiter genauso wie zuvor.

Wie lange wird der kleine Partner dieses Verhalten ohne Weinen, Streit oder sonstige Frustrationsäußerungen aushalten? Vermutlich nicht sehr lange – und ein Turm wird so auch nicht entstehen. Abgesehen davon, dass der Junge oder das Mädchen sich künftig andere Spielkameraden suchen wird, mit denen es besser klappt.

Um die »Ja-und«-Strategie in die Tat umzusetzen, beginne man wie bei obigem Beispiel, mäkele allerdings nicht an dem ausgewählten Stein herum, sondern baue einfach weiter. Vielleicht gelingt es einem dadurch, das Fundament ein wenig zu erweitern. Oder man kommt durch den Stein, der schon daliegt, auf neue Ideen, wie man den Turm gestalten könnte. So kommt es zu einer echten Zusammenarbeit mit dem Spielkameraden, aus der am Ende vermutlich ein Turm hervorgehen wird, den zwar beide am Anfang so nicht im Kopf hatten, der aber wahrscheinlich besser und schöner ist als jede Einzelanstrengung.

Auch und gerade im Berufsleben funktioniert die »Ja-und«-Strategie. Ich habe das einmal bei einer gemeinnützigen Organisation ausprobiert.

Der Vorstand der Organisation traf sich mehrtägig zur strategischen Planung. Es wurde viel diskutiert, bisherige Positionen und Ausgangspunkte wurden infrage gestellt, und der Wunsch nach neuen Ansätzen und Innovation war hoch. Obwohl die einzelnen Vorstandsmitglieder sich im Allgemeinen gut miteinander verstanden, entstand nicht viel Energie und hinterher herrschte bei allen das Gefühl vor, lange miteinander geredet zu haben, ohne dass dabei viel Neues herausgekommen war.

Am Vormittag des dritten Tages, an dem die Ausrichtung des Marketings auf der Tagesordnung stand, schlug ich dem Vorstand ein Experiment vor. Für die Diskussionsrunde sollten drei neuen Regeln gelten, die alle auf der »Ja-und«-Strategie beruhten:

→ Jeder, der das Wort ergreift, muss zunächst einen Kernpunkt der Aussage seines Vorredners zusammenfassen, um anschließend darauf aufzubauen, und zwar indem er sich auf jenen Teil des fremden Beitrags bezieht, mit dem er übereinstimmt.

→ Beiträge und Vorschläge, die einem nicht gefallen, sind zu ignorieren.

→ Es gibt keine Rednerliste, vielmehr sollen alle Beteiligten im Gespräch regulieren, wer als Nächstes spricht, und nur darauf achten, dass jeder ausreichend zu Wort kommt.

Die Anwesenden ließen sich darauf ein, und was dann passierte, war einfach nur faszinierend. Zunächst fiel es den Rednern nicht ganz leicht, den neuen Regeln zu folgen. Die meisten waren so sehr daran gewöhnt, sich bei jeder Aussage sofort auf die Dinge zu stürzen, die sie daran nicht gut fanden, dass sie den Fokus auf das, worauf man aufbauen könnte, wie eine Zwangsjacke empfanden.

Die Aussage »Meiner Meinung nach sollten wir unser jetziges Marketingkonzept beibehalten und nicht unsere Konkurrenten kopieren. Ich halte nichts von diesen modernen Ansätzen, unsere Stärke war schon immer, dass andere uns weiterempfohlen haben« führte zu der reflexhaften Erwiderung: »Aber wir haben nun einmal ein Problem mit unserer bisherigen Vorgehensweise.« Es dauerte ein bisschen, ehe die Gesprächsteilnehmer aus der ersten Aussage jene Aspekte herauszupicken vermochten, die sie produktiv nutzen konnten. Bis irgendwann jemand sagte: »Es ist ein interessanter Gedanke darüber nachzudenken, wie wir uns in unserem Marketing von der Konkurrenz abheben können.«

Bald ging es nicht mehr so stockend voran, das Gespräch kam in Gang, und zwar mit einer völlig anderen Energie als bisher. Die Teilnehmer hörten einander zu, und es entstanden wirklich neue Gedanken – vor allem aber vergeudeten sie nicht länger wertvolle Zeit mit langen Diskussionen über Details, die letztendlich nicht relevant waren. Die Redner hatten immer weniger Angst vor Gesichtsverlust und damit kaum noch Notwendigkeit, ihren eigenen Standpunkt zu verteidigen oder durchzudrücken.

Beim Mittagessen sagte einer der Vorstände zu mir: »Das war das produktivste Gespräch in dieser Gruppe, das ich je miterlebt habe.«

Die Haltung »Ja, und ...« ist für viele nicht ohne inneren Widerstand einzunehmen. Das liegt unter anderem an der Art und Weise, wie die meisten Menschen erzogen werden. Gerade die Deutschen verstehen sich im positiven Sinne als kritische Bürger, die nicht alles hinnehmen, sondern die Schwachstellen in Vorschlägen anderer schnell erkennen und bloßlegen können. Wer das bis zur Perfektion gelernt hat, dem fällt es tatsächlich schwer, sich in bestimmten Situationen bewusst für eine andere Haltung zu entscheiden und vor allem das Gute in den Vorschlägen anderer zu sehen, auf dem er dann aufbauen kann.

Die innere Haltung »Ja, und ...« führt zu Spitzenleistungen in der Zusammenarbeit.

In der Arbeitswelt sind Menschen, die »Ja, aber ...« statt »Ja, und ...« denken, sehr weit verbreitet, wobei sich Erstere noch in zwei Untergruppen unterteilen lassen: in jene, die handeln wie Miss Piggy, und jene, die handeln wie Statler und Waldorf – alles Figuren aus der berühmten *Muppet Show*. Im Arbeitsumfeld begegnet man tagtäglich vielen Miss Piggys in all ihren Variationen und vielleicht noch viel mehr Statlers und Waldorfs in noch viel mehr Variationen. Was sie ausmacht und wie sie agieren, zeigt das folgende Beispiel:

Eine große Ladenkette mit mehreren Tausend Mitarbeitern ist in jeder halbwegs einkaufsstarken Stadt mit mindestens einer Filiale vertreten. Das Unternehmen hat eine hohe Zahl an Teamleitern, Führungskräften und Topmanagern sowie eine eigene Personalentwicklungsabteilung. Die hat unlängst einen Vorschlag gemacht, auf innovative Art und Weise talentierte Manager so weiterzubilden, dass sie auch als Führungskräfte auf einem höheren Niveau ihre Arbeit gut machen. Der Vorschlag trifft zwar auf das Interesse des Vorstands, doch er ist etwas ungewöhnlich und ruft daher auch Unsicherheit hervor. In einer Besprechung, in der es um die Umsetzung gehen soll, hat die Leiterin der Personalentwicklungsabteilung gerade ihren Plan für die Förderung der Talente erläutert.

Je nachdem, mit welcher Einstellung oder Haltung die Beteiligten an den Vorschlag herangehen, gibt es drei mögliche Varianten, wie das Ergebnis verläuft.

Variante 1 – Die Perspektive von Statler und Waldorf

Statler und Waldorf sind die beiden älteren Herren, die von ihrem Balkon oberhalb der Bühne und damit als Außenstehende jeden Aspekt oder Akteur der *Muppet Show* kritisieren. Damit kommentieren sie das Geschehen von der Seitenlinie, ohne in die Verantwortung zu gehen. Jemand, der diese Haltung vertritt, weist also die anderen ständig darauf hin, dass etwas nicht richtig durchdacht ist und nicht funktionieren wird. Dabei schlägt er selbst allerdings keine Alternativen vor, weil er sich nicht für das Problem verantwortlich fühlt.

Bei der Besprechung zwischen der Personalerin und dem Vorstand könnte das so ablaufen:

»Der Projektvorschlag, den Sie da ausgearbeitet haben, mag ja ganz interessant sein, aber die Fragen Nummer zwölf und dreizehn des Katalogs, den wir Ihnen bei unserer letzten Sitzung mit auf den Weg gegeben haben, sind noch nicht zufriedenstellend beantwortet. Da müssten Sie noch mal nachbessern«, fasst eines der Vorstandsmitglieder die allgemeine Reaktion in Worte.

Frage Nummer zwölf handelt vom Verhältnis des hier vorgestellten Programms zu anderen Entwicklungsprogrammen des Konzerns. Bei Frage dreizehn geht darum, wie sich das Programm international anlegen lässt angesichts der weltweiten Wachstumsstrategie des Konzerns.

Nicht, dass es nicht legitim wäre, die Frage nach der Einbettung des Programms in die Gesamtvision des Konzerns zu stellen – die Frage ist nur, *wie* man diese Thematik aufgreift. Der Vorstand positioniert sich hier als Auftraggeber, der von außen beurteilt, inwiefern das Gelieferte seinen Erwartungen entspricht. Der Fokus liegt auf dem, was (noch) nicht gut ist. Die Vorstandsmitglieder geben der Personalerin ihr Feedback mit auf den Weg, zur Wiedervorlage sozusagen. Die Folgen sind verheerend für den Fortgang des Projektes:

→ Entfremdung, weil sich zum einen die Personalentwicklungsleiterin beurteilt fühlt und zum anderen der Vorstand aus der Distanz und unbeteiligt seine Meinung äußert, statt das Projekt aktiv mitzugestalten. Der Vorstand denkt nicht mit, sondern delegiert. Wie ein ungehorsames Kind wird die Personalerin zurück an ihren Schreibtisch geschickt, um es beim nächsten Mal besser zu machen. Motivationsverlust und eine immer geringere Bindung an die Firma aufseiten der Mitarbeiterin sind damit nur eine Frage der Zeit.

→ Zeitverschwendung, weil der Vorschlag nun noch einmal auf den Tisch muss, obwohl alle sich bereits grundsätzlich einig sind. Zudem ist die Gefahr hoch, dass es nicht bei einer Wiedervorlage bleibt, sondern gewisse Themen immer wieder auf die Tagesordnung kommen. Wem dieses Phänomen der dauernden Wiedervorlage bekannt vorkommt, der sollte einmal auf das mögliche »Ja, aber...« in den Besprechungen achten.

→ Inhaltliche Mittelmäßigkeit, weil die Vorstandsmitglieder weder mitdenken noch gestalten und daher die Ergebnisse oft losgelöst von ihren Vorstellungen sind. Bei komplexeren Fragen ist das sehr schnell ineffektiv, denn das beste Ergebnis kommt nun einmal dann zustande, wenn alle Beteiligten von ihren verschiedenen Perspektiven aus nach Lösungen suchen. Darüber hinaus führen die Besprechungen, in denen die Personalerin mit ihren Mitarbeitern wie gewünscht nachzubessern versucht, unweigerlich zum großen Ratespiel, was der Vorstand nun mit dieser oder jener Bemerkung gemeint haben könnte. Vor lauter Hinein-versetzen in die Gedanken anderer denken die Mitarbeiter selbst nicht mehr so viel. Am Ende ist niemand mehr damit beschäftigt, sich wirklich schlaue Lösungen zu überlegen.

Letztendlich ist man, wenn man die Statler-und-Waldorf-Strategie anwendet, denkfaul und glaubt, weil man von seinem Beobachtungspos-ten aus die bessere Übersicht hat, dem anderen vor Augen führen zu dürfen, was alles noch nicht gut genug ist, statt selbst zu handeln.

Wenn man Humor hat und diesen unbeteiligten »Kritikern aus der Ferne« ihr Verhalten bewusst machen möchten, braucht man sich lediglich ein paar Statler-und-Waldorf Masken anschaffen und bei der nächsten Sitzung Folgendes abmachen. Wer von außen kritisieren möchte, statt aktiv zur Lösung des Problems beizutragen, muss eine davon aufsetzen. Für den Erfolg übernehme ich keine Garantie, aber so sorgt man wenigstens für ein bisschen Spaß in den endlos langen Projektbesprechungen.

Was wie ein Scherz anmutet, ist in gewissem Sinne jedoch ernst gemeint, und zwar als zweiter Schritt. Der erste wäre der Versuch, die anderen zu einer anderen Gesprächskultur zu bewegen, etwa indem man nachfragt und alle Beteiligten einlädt mitzudenken, oder indem man selbst Vorschläge macht. Das kann funktionieren, muss es aber nicht – und in dem Fall kann man nur thematisieren, wie ineffektiv das Gespräch gerade verläuft. So gibt man seinem Gegenüber wenigstens die Chance, eine andere Perspektive zu wählen.

Variante 2 – Die Perspektive von Miss Piggy

Miss Piggy will zwar dauernd ihr eigenes Ding machen, steht aber immerhin mit den anderen Akteuren auf der Bühne und ist somit aktiv an der Gestaltung der Lösung beteiligt – und weiß nicht von außen alles besser wie Statler und Waldorf.

Mit der Haltung von Miss Piggy würde eines der Vorstandsmitglieder nach der Vorstellung der Projektidee zu der Personalerin vermutlich sagen: »Der Projektvorschlag, den Sie da ausgearbeitet haben, mag ja ganz interessant sein, allerdings würde ich gerne noch einmal auf Punkt dreizehn zurückkommen. Sie sagten, Sie wollen die Internationalität unter anderem dadurch gewährleisten, dass das Programm in englischer Sprache erfolgt und dass alle Veranstaltungen im Ausland stattfinden. Ich finde das noch ein bisschen mager, abgesehen davon sind Veranstaltungen im Ausland viel zu teuer.«

Wieder ist die Frage inhaltlich völlig legitim. Nur ist die Frage hier nicht produktiv und kommen die Beteiligten auch diesmal der Lösung dadurch kein Stück näher. Das Destruktive in der Miss-Piggy-Strategie äußert sich vor allem in dem Fokus auf das, was der Redner ablehnt und daher kritisiert, auch wenn er dabei nicht als Außenstehender agiert, sondern im Gespräch bleibt und bereit ist, auf neue Vorschläge zu reagieren. Die Folgen für den Fortgang des Projektes sind trotzdem ähnlich wie zuvor:

 Weniger Entfremdung, da alle Beteiligten mitdenken.

→ Desto mehr inhaltlicher Stillstand, weil die Personalentwicklungs-leiterin automatisch zur Verteidigung des Konzepts übergehen und ihren Standpunkt noch mal erläutern wird. Sie erklärt, warum die Wahl für Veranstaltungsorte im Ausland so wichtig sei, warum es als Maßnahme überhaupt nicht mager ist, man solle die Wirkung des Aufenthaltes in einem anderen Kulturkreis doch bitte nicht unterschätzen. Daraufhin wird das Vorstandsmitglied, das die Kritik geäußert hat, diese Gedanken zwar als nachvollziehbar bezeichnen, aber sogleich neue Gegenargumen-te ins Spiel bringen wird – so geht es dann endlos weiter. Dabei werden keine neuen Lösungen entwickelt, vielmehr wird der Status quo von allen Seiten mehrfach beleuchtet. Und das ist inhaltlicher Stillstand.

→ Motivationsverlust, weil die Personalerin früher oder später zwangsläufig das Gefühl bekommen wird, dass sie ihren Job nicht gut genug gemacht hat. Sie mag im Endeffekt eventuell sogar die Diskussion gewinnen – das Gefühl, dass sie im selben Team spielt wie der Vorstand, wird sich nicht einstellen.

→ Zeitverschwendung, weil alle Beteiligten sich wieder mal in Grabenkämpfen verlieren. Das Thema, wenn es denn wichtig genug ist, wird immer wieder auf den Tisch kommen, weil beide Seiten den Ge-sichtsverlust fürchten. Im Endeffekt wird der Kompromiss nicht nur sehr zeitraubend sein, sondern inhaltlich alles andere als optimal.

Auch wenn bei der Miss-Piggy-Strategie also alle Beteiligten aktiv mitmachen und mitdenken, tun sie das stets mit der Haltung »Ja, aber ...« Damit liegt der Fokus ausschließlich auf dem, was nicht gefällt, was endlose Diskussionen – meist ohne Ergebnis –zur Folge hat.

Variante 3 – Die »Ja, und...«-Strategie

Der einzig produktive Ansatz, um zu einer produktiven Zusammenarbeit zu kommen, ist die Haltung »Ja, und ...«, da man hierbei gemeinsam an Problemlösungen baut.

Nach der Präsentation der Personalentwicklungsleiterin würde ein Vorstandsmitglied, das mit dieser inneren Haltung an die Sache herangeht, vermutlich sagen: »Der Projektvorschlag, den Sie da ausgearbeitet haben, ist wirklich interessant. Ich würde gerne Punkt dreizehn und damit die Internationalität noch mal aufgreifen. Mir gefällt, dass Sie ein paar gute Ideen präsentiert haben, und ich würde gerne noch ein bisschen weiterdenken, welche Möglichkeiten es in diesem Bereich noch gäbe. Zum Beispiel könnte man die Teilnehmer eine kurze Zeit lang im Ausland arbeiten lassen, wenn sie wegen der Veranstaltungen ohnehin vor Ort sind.«

»Das ist eine interessante Idee«, würde die Personalerin antworten und sich über den konstruktiven Vorschlag freuen. »So würden sich die Kosten für die Flugtickets, die ja nicht gering sind, gleich doppelt lohnen. Eventuell ließen sich dadurch außerdem die internationalen Verbindungen in unserem Konzern stärken, etwa dadurch, dass wir jeweils zwei Teilnehmer aus verschiedenen Ländern zusammenbringen.«

Ich bin der festen Überzeugung, dass die weitaus größte Zahl der bahnbrechenden Innovationen in Unternehmen durch ein »Ja, und...«-Gespräch zustande kommen. Meine Kollegin Suzanne Verdonschot hat in ihrer Dissertation die Faktoren, die zu Durchbrüchen und Innovationen führen, eingehend erforscht. Sie beschreibt, dass bei der Arbeit an etwas Neuem besonders im Anfangsstadium die Haltung »Ja, und ...« absolut essenziell ist.

Das Interessanteste an dieser Haltung ist, dass sie so simpel wirkt und dennoch die meisten Menschen in erster Instanz große Überwindung kostet. Das liegt oft an ein paar Überzeugungen, die es den Beteiligten unmöglich machen, den Fokus auf das zu richten, was sie gut finden, und die sich oft als innere Stimme bemerkbar machen. Zum Beispiel:

➡ Die Stimme des Perfektionisten, die sagt: »Deine Rolle besteht darin, dafür zu sorgen, dass niemand Fehler macht, denn Fehler dürfen einfach nicht passieren. Wer einen guten Job macht, dem unterlaufen keine Fehler. Projekte und Ideen sind sowieso nur dann richtig gut, wenn man nichts daran aussetzen kann. Das bist du deinem Ruf schuldig. Was sollen die anderen über dich denken, wenn du dauernd Fehler zulässt oder selbst begehst?«

Der innere Perfektionist gibt sich nicht eher zufrieden, bis alles einhundertfünfzigprozentig mit seiner Idealvorstellung übereinstimmt. Fehler sind ihm ein Graus, denn er denkt, dass jeder einzelne katastrophale Folgen haben kann. Wer in einem Gespräch seinen inneren Perfektionisten zu Wort kommen lässt, ist automatisch im »Ja-aber«-Modus und sieht überall nur das, was nicht stimmt oder was schieflaufen könnte. Aus dieser ständigen Schadensbegrenzung kann nicht viel Neues entstehen.

➡ Die Stimme des Machtpolitikers, die sagt: »Du musst aufpassen, dass du hier das letzte Wort behältst. Wenn du den anderen zu oft zustimmst, denken sie womöglich, dass sie hier alles machen können. Ab und zu musst du daher deutlich machen, dass du bestimmst, wo der Hase langläuft. Jemand, der immer nur »Ja« sagt, den nimmt im Endeffekt niemand ernst. Außerdem musst du den anderen zeigen, dass du auch gute Ideen auf den Tisch legen kannst.«

Der innere Machtpolitiker vergleicht sich andauernd mit anderen und will dabei um jeden Preis positiv abschneiden, schließlich geht es um den Erhalt des eigenen Einflusses. Wer in einem Gespräch seinen inneren Machtpolitiker zu Wort kommen lässt, der begrenzt und relativiert immer nur und ist vorsichtig mit Zustimmung, um nicht missverstanden zu werden – aus Angst davor, keinen Einfluss mehr auszuüben.

➡ Die Stimme des Skeptikers, die sagt: »Pass gut auf, was der andere sagt und ob er es auch wirklich so meint. Schneller als du denkst, hast du einer Idee zugestimmt, die im Endeffekt gar nicht günstig für dich ist. Der andere könnte aus Motiven heraus agieren, die du gar nicht kennst. Im Zweifelsfall ist ein Nein immer besser als ein Ja, denn dann hast du dich wenigstens zu nichts verpflichtet.«

Der innere Skeptiker misstraut den Intentionen der anderen und rät zur höchsten Vorsicht wie auch dem nötigen kritischen Abstand. Ehe man Ja sagt, sollte man sich schon sehr sicher sein. Wer seinen inneren Skeptiker zu Wort kommen lässt, der wird immer wieder bei der »Ja, aber …«-Haltung landen.

➡ Die Stimme des Begrenzers, die sagt: »Pass auf, dass du dir nichts Neues aufhalst. Du hast schon genug zu tun, und eigentlich dauert dieses Gespräch schon viel zu lange. Sorge dafür, dass du die anderen so schnell wie möglich wieder an die Arbeit schickst, schließlich geht es hier um sein Problem und nicht um deines. Der andere muss eine Lösung dafür finden, nicht du. Wenn du dauernd gute Ideen lieferst, dann kommen bald alle zu dir, und macht hier bald niemand mehr seine Arbeit alleine.«

Der innere Begrenzer will dafür sorgen, dass man sich nicht über die Maßen belastet. Es geht um Gerechtigkeit, jeder soll seine eigene Arbeit bewältigen, dafür wird man schließlich bezahlt. Wenn man sich zu sehr einlässt auf die Ideen der anderen, macht man im Grunde deren Arbeit. So führt die Stimme des inneren Begrenzers dazu, dass man nicht einsteigt in das Gespräch, sondern höchstens nach Statler-und-Waldorf-Art noch einen Kommentar abgibt.

Die meisten Menschen hören die genannten oder ähnliche innere Stimmen, wenn sie mit anderen zusammenarbeiten. Im Prinzip sind sie gar nicht so schlecht – schließlich ist es im Job sehr sinnvoll, Fehler zu vermeiden, einen gewissen Perfektionsdrang ebenso wie ein Auge auf die Machtkonstellationen und den eigenen Einfluss zu haben, nicht naiv auf die guten Absichten des anderen zu vertrauen und Grenzen zu ziehen, was die eigene Arbeitsbelastung angeht. Nur wenn diese Stimmen zu laut werden, wenn man sie nicht ab und zu abstellen kann, dann lässt man sich viele Chancen für sehr produktive Begegnungen entgehen.

Das Abstellen braucht übrigens keine jahrelange Therapie oder intensives Coaching. Wenn man wirklich will, dann kann man jederzeit von diesen inneren Stimmen distanzieren. Man muss allerdings ehrlich zu sich selbst sein und die eigenen inneren Stimmen anerkennen, so peinlich sie einem auch sein mögen. Und man sollte ein Bewußtsein dafür entwickeln, dass sich gerade eine der Stimmen meldet. Dann kann man gezielt abwägen, ob man sich auf den vermeintlich guten Rat der inneren Stimme einlassen möchte oder nicht.

»Glaube nicht alles, was du denkst«, lautet ein sehr weiser Rat, der den ersten Schritt markiert, um von den inneren Stimmen loszukommen.

Die Verantwortung annehmen

Argumente gegen die »Ja-und«-Haltung gibt es verständlicherweise viele. Manche Menschen machen sich zum Beispiel Sorgen, dass sie dabei Gefahr laufen, andauernd völligem Unsinn zuzustimmen, und dass dann diejenigen, die ihren Vorschlag am schnellsten lancieren, automatisch den meisten Einfluss haben. Alle anderen müssen sich dann nämlich mit diesem Vorschlag auseinandersetzen und dürfen nicht sagen, dass der Vorschlag gar nichts taugt. Dagegen sprechen zwei Dinge:

Zum einen impliziert diese positive Perspektive überhaupt nicht, dass man nicht auch mal sagen darf, dass etwas Unsinn ist. Natürlich ist dies jederzeit und überall erlaubt! Nur sollte man sich stets bewusst sein, welchen Effekt dies auf den anderen hat, und sich sein »Ja, aber ...« für jene Momente vorbehalten, in denen es wirklich nötig ist. Also jene Fälle, bei denen man im Vorschlag eines anderen nicht einen einzigen interessanten Keim entdecken kann.

Sollte einem dies jedoch häufiger passieren, dann ist dringend zu empfehlen, die eigene Wahrnehmung zu überprüfen und zu üben, auch das zu sehen, was einem an den Vorschlägen der Kollegen gefällt. Wenn es da tatsächlich nicht das Geringste geben sollte, sei einem dringend angeraten, sich einen neuen Arbeitsplatz zu suchen, denn anscheinend ist man umgeben von zu hundert Prozent uninteressanten Menschen, die alle nichts zu sagen haben.

Zum anderen hat man auf einen Vorschlag mit der »Ja-und«-Strategie erheblich mehr Einfluss als mit der inneren Haltung des »Ja, aber ...«.

Welche Zusammenarbeit braucht es, um Bewegung zu schaffen?

Denn wenn man zu sehr im »Ja, aber ...« feststeckt, ist der eigene Einfluss im Prinzip beschränkt auf das Veto. Man benennt das, was nicht geht, was sich nicht umsetzen lässt. Das sorgt für Diskussionen, alle beschäftigen sich viel länger mit dem Vorschlag, als sie wollen, noch dazu mit jenen Aspekten, die gar nicht interessant sind. Positive Energie und Motivation können so nicht entstehen, und viele der eigenen Ideen wird man dabei nicht einbringen können, da die anderen diese ebenfalls auseinandernehmen werden.

> **Fazit:**
> **Nur mit der »Ja, und ...«-Haltung kann man aktiv mitgestalten. Einerseits dadurch, dass man selbst wählt, auf welchen Aspekt des Vorschlags eines anderen man aufbaut, und andererseits dadurch, dass man den nächsten Stein legt. So entsteht nicht nur mehr Schwung, das Vorhaben auch wirklich anzugehen, im Mitgestalten liegt auch der entscheidende Einfluss.**

Spiel ist der Zustand, in dem man miteinander weiterbaut, die »Ja, und ...« Haltung. Sie sorgt für Leichtigkeit, Motivation und Energie, weil sie Gemeinsamkeiten schafft und den anderen wertschätzt in seinen guten Ideen. Darum ist »Ja, und ...«-Haltung die produktivste Strategie.

Voraussetzung dafür ist allerdings, dass man mit einsteigt in die Verantwortung und Gestaltung bei der Lösung des Problems. Als Chef muss man also das Auftraggeber-Auftragnehmer-Denken aufgeben, bei dem man sich so wenig wie nur möglich mit dem, was des anderen Aufgabe ist, beschäftigt. Vielmehr ist wirkliche Zusammenarbeit angesagt, also miteinander gestalten.

»Glaube nicht alles, was du denkst«, lautet ein sehr weiser Rat, der den **ersten Schritt** markiert, um von den **inneren Stimmen** loszukommen.

Arbeit als Theater

Dieses Phänomen des Einsteigens in die Verantwortung war vor einiger Zeit eine der Hauptfragen für die Abteilung eines Versicherungskonzerns, mit dem wir zusammen arbeiteten. Statt weiterer Analysen oder Trainingsmaßnahmen entschieden wir uns, die Idee des Improvisationstheaters noch einen Schritt weiter zu denken – nicht mehr als Metapher, sondern als wirkliche Gestaltungslinie.

In der Abteilung, die für den Verkauf von Rentenversicherungen zuständig ist, arbeiten einerseits die Verkäufer, die direkt mit den Kunden sprechen, andererseits die Sachbearbeiter, die die Rentenversicherungen an die Wünsche der Kunden anpassen sowie Angebote durchrechnen, und schließlich noch jene Experten, die die Versicherungen für den Kunden ausführen. Die Abteilung will kundenfreundlicher werden und gleichzeitig effizient arbeiten.

Eines Tages macht einer der Manager den Vorschlag, jedes Kundenteam dazu einzuladen, sich mit einem Kunden zusammenzusetzen, um sich Feedback zu holen und zu besprechen, was man besser machen könne. Die Runde bespricht den Vorschlag des Managers, und wie üblich fordern die einen mehr Fakten, bevor man solch ein Projekt starten könne, darunter die Klärung der Frage, ob die Kunden das überhaupt wollen. Man müsse erst sicher sein, dass damit nicht ein falscher Eindruck geweckt werde, außerdem koste diese Maßnahme sehr viel Zeit. Nicht zuletzt müsse man sich erst einmal darüber einig werden, was unter »Kundenorientierung« zu verstehen sei.

Das alles klingt verdächtig nach »Ja, aber ...«.

Alle wären nach dieser Besprechung wieder zur Tagesordnung übergegangen, wenn wir nicht direkt vorher ein ganz anderes Gespräch gehabt hätten. Das Gespräch handelte von den Blockaden in der Abteilung, warum die Zusammenarbeit zwischen den verschiedenen Teams nicht richtig in Gang käme, und warum man dauernd Projekte starten würde, die nie zu etwas führten. Eine der größten Blockaden, die benannt wurde war:

> **Wenn man immer alles zerredet und genau wissen will, bevor man einem Vorschlag zustimmt, dann blockiert das den Fortschritt.**

Genau dieses Zerreden und Genau-wissen-Wollen war in der Besprechung passiert – zum großen Frust des Teams. Einer der Teilnehmer wollte diese Schlappe nicht auf sich beruhen lassen, und hatte die Idee, die nächste Besprechung zu inszenieren, als wäre sie ein Theaterstück. Er ernannte sich kurzerhand selbst zum Regisseur und überlegte sich, wie das Drehbuch einer erfolgreichen Besprechung aussehen könnte.

Dann wäre eine mögliche Antwort auf den Vorschlag des Managers zum Beispiel: »Die Idee mit dem Kundenfeedback ist gut. Ich bin dabei.« Kein »Ja, aber ...«, sondern ein verbindlicher Einstieg, der den Willen zum Mitmachen dokumentiert. Dazu wäre auf allen Seiten das Vertrauen nötig, überlegte er weiter, dass ein jeder trotzdem noch genügend Einfluss auf das Projekt ausüben könne, um es zum Erfolg zu führen. Die Teilnehmer sollten nicht mehr versuchen, um jeden Preis alles miteinander abzustimmen und sich einig zu werden über das, was dann alle zu tun hätten. Der Energieverlust bei diesen ewig langen Diskussionen, bei denen Leute bloß befürchteten, etwas tun zu müssen, das sie gar nicht tun wollten, war einfach zu hoch. Viel besser wäre es, wenn jeder einfach sagen würde, was er zum genannten Projekt beitragen wolle, und dass alle gemeinsam überlegten, wie diese Beiträge zusammenpassten.

Der selbst ernannte Regisseur rief also alle Teilnehmer der Runde an, schlug ihnen sein Experiment vor und bat sie, sich in der nächsten Besprechung an das Drehbuch zu halten. Sie könnten sich darin selbst treu bleiben und müssten keine Rolle spielen, erklärte er ihnen. Allerdings sollten sie in ihrem ersten Satz ihre verbindliche Zustimmung zum Vorschlag äußern. Danach sollten sie benennen, was sie selbst zum Projekt beitragen würden, statt Kritik an den Beiträgen anderer zu artikulieren. Die Basisregel des Gesprächs war »Ja, und ...«. Alle Teilnehmer sagten zu.

Die Besprechung war eine der produktivsten, die alle Beteiligten jemals erlebt hatten. Alle hielten sich an das Drehbuch, gaben ihre Zustimmung zum Projektvorschlag mit dem Kundenfeedback. Der Manager, der in die Inszenierung nicht eingeweiht war, traute seinen Ohren nicht.

In der zweiten Runde waren die Teilnehmer dann eingeladen, kurz zu sagen, wie ihr persönlicher Beitrag zum Gelingen des Vorhabens aussehen könnte. Einer hatte die Idee, das Kundenfeedback einzubinden in ein anderes laufendes Projekt, ein anderer sah schon konkret vor sich, welche Kunden er am besten befragen könnte. So entstand bei allen viel Lust, das Projekt anzugehen – auch weil jeder es auf seine Art und Weise tun konnte. Die Begeisterung ging so weit, dass die Teilnehmer danach einander gegenseitig versprachen, in ihrem eigenen Bereich ebenfalls ein solches Experiment zu inszenieren.

> Wenn man anfängt, die eigene Arbeit als Theater zu betrachten entsteht der Freiraum, Sachen auch ganz anders anzugehen.

Seine Arbeit als Theater zu sehen kann ein richtiger Befreiungs-schlag sein. Wenn man die Arbeit schlicht als Arbeit auffasst, liegen die Umstände fest und es geht oft gar nichts. Fängt man dagegen an, sich selbst als Schauspieler zu verstehen, könnte man seine Rolle auch ganz anders spielen. Dann sind die Umstände variabel, nichts weiter als Konstruktionen im Kopf, Dekor – auf einmal ist alles möglich.

Kurz und prägnant

→ Gute Zusammenarbeit mit anderen führt zu außerge-wöhnlichen Ergebnissen. Nur ist es oft schwierig, zu einem optimalen Miteinander zu kommen. Man kann vom Spielen lernen, wie so eine Zusammenarbeit aussieht.

→ Das schönste Modell dafür ist Improvisationstheater. Optimale Zusammenarbeit basiert auf einer »Ja-und«-Haltung.

→ Das Gegenteil davon ist die Einstellung »Ja, aber ...«, die sehr weit verbreitet und nicht immer leicht zu bezwingen ist.

→ Zum Denken und Zusammenarbeiten in der »Ja-und«-Haltung ist es nötig, die eigenen kritischen Gedanken und damit den inneren Kritiker zu überwinden.

→ Wer einmal erfahren hat, wie gut es sich mit einer sol-chen positiven Grundeinstellung mit anderen zusammenarbei-ten lässt, der will garantiert mehr davon.

4 Spielen fängt im Kopf an

Zu den auffälligsten Eigenschaften von Spielen zählt, dass es so oft mit der eigenen Phantasie und dem Vorstellungsvermögen zu tun hat. Kinderspiel ist undenkbar ohne tun als ob, ohne die vielen blitzschnellen Wechsel von einer Situation oder Rolle zur nächsten. Ein großer Haufen Sand wird zum Mount Everest, ist fünf Minuten später die Düne des letzten Strandurlaubs und im nächsten Moment ohne Weiteres ein Stuhl, auf den man sich plumpsen lassen kann. In einem Moment ist man ein Cowboy, mit allem was dazu gehört, dann wechselt man die Seite und spielt den Indianer, und kann wenige Minuten später ohne Probleme als Außerirdischer eine ganz andere Rolle einnehmen. Spiel ist Imagination. Das klingt jetzt vielleicht kindisch und ganz weit weg von der Arbeitswelt – gleichzeitig ist die Fähigkeit zur Imagination jene Zutat, die vor allem im Arbeitskontext am schnellsten Dinge in Bewegung bringen kann.

Menschliches Handeln wird nun mal stark von dem geprägt, was ein jeder über die jeweilige Situation denkt, in der er sich gerade befindet. Imagination ist nichts anderes als die Fähigkeit, einfach mal etwas anderes zu denken – damit sich das eigene Handeln ändern kann.

Die Macht der Gedanken

Der Mitarbeiter eines großen Architektenbüros hat eine Idee, wie er das von ihm aktuell betreute Projekt noch ein Stück verbessern könnte. Durch den Einsatz einer Software, mit der er sich gerade bei einer Fortbildung beschäftigt hat, würden die verschiedenen Entwurfsversionen sehr nachvollziehbar für alle dokumentiert. Er trägt die Idee schon seit einigen Tagen mit sich herum und hat sie auch schon mit einem Kollegen diskutiert, um sicher zu sein, dass sie auch wirklich gut ist. Nun will er der Projektleiterin, die er nicht besonders gut kennt, da er zum ersten Mal mit ihr zusammenarbeitet, davon erzählen. Er könnte nun über seine Kollegin Dinge denken wie: Ich kenne sie zwar kaum, aber sie macht auf mich einen netten, offenen Eindruck. Ich bin sehr gespannt, wie sie meine Idee weiterentwickeln wird. Er könnte aber auch denken: Sie ist gerade erst in diese Position gelangt und macht auf mich irgendwie einen abweisenden Eindruck. Es wird sicher schwierig werden, sie zu überzeugen.

Man braucht nicht übermäßig viel Selbstkenntnis, um vorherzusagen, dass es zwei sehr unterschiedliche Gespräche werden würden. Abhängig von den Gedanken, mit denen er sich an die Projektleiterin wendet, prägt er die Situation und trägt so zum jeweiligen Ergebnis bei. Seine eigenen Gedanken werden zur *self fulfilling prophecy* – zur Vorhersage, die sich erfüllt, weil man es so erwartet.

Dieses Phänomen ist ausgiebig erforscht, und der bekannteste Klassiker auf diesem Gebiet ist ein Experiment, das mit Lehrern durchgeführt wurde.

An einigen Schulen werden die Schüler auf ihre Intelligenz getestet, und ebenso wird ihr Wissen in verschiedenen Schulfächern abgefragt. Wie nicht anders zu erwarten, sind die talentierten und weniger talentierten Kinder in allen Klassen vertreten, manchmal mehr, manchmal weniger. Alle Klassen in diesem Experiment bekommen nach der Sommerpause neue Lehrer. Diesen Lehrern gibt man allerdings oft ungenaue Informationen zu den verschiedenen Schülern. Nicht aufgrund der wirklichen Ergebnisse der Tests, sondern aufgrund des Zufallsprinzips werden einige Schüler den Lehrern gegenüber als besonders talentiert genannt. Mit anderen Worten: Die Versuchsleiter beeinflussen die Gedanken und Vorstellungen der Lehrer über ihre Klasse.

Nach einem halben Jahr werden die Lernfortschritte der Schüler gemessen, und das Ergebnis überrascht niemanden: Obwohl in allen Gruppen zufällig gute und weniger gute Schüler vertreten waren, hatten die Kinder, die die Lehrer für überdurchschnittlich begabt hielten, deutlich größere Fortschritte gemacht als die anderen Kinder, die die Lehrer für weniger begabt hielten. Die Gedanken der Lehrer sorgten dafür, dass sie sich den Schülern gegenüber anders verhielten und damit die Entwicklung der Kinder unterschiedlich beeinflusst.

Der Glaube an ein bestimmtes Ergebnis erfüllt sich selbst, weil man durch eben jenen Glauben unbewusst oder bewusst anders handelt und so das Ergebnis entsprechend beeinflusst.

Es ist interessant, wie selten diese unumstößliche und zudem wissenschaftlich erwiesene Tatsache bei vielen Menschen wirklich ankommt. Selbst wenn sie einmal pessimistisch oder skeptisch sind oder negativ über wen anders denken, glauben die meisten, sie verfügten über ein derart ausgeprägtes Schauspieltalent, dass sie ihre Gedanken vor dem anderen verbergen können und dass diese Gedanken keinen Einfluss auf ihr Handeln haben können, da sie das voll und ganz unter Kontrolle haben. Dabei ist die Annahme, dass das, was ein Mensch denkt, keinen Einfluss habe auf das Ergebnis einer beliebigen Situation, in der er handelt, äußerst naiv.

Klarer wird es, sobald man die Situation umkehrt und sich den Moment vor Augen führt, in dem man mit den negativen Gedanken eines anderen konfrontiert wird, wie das folgende Beispiel aufzeigt.

Ein Geschäftsmann muss sich dringend einen neuen Anzug kaufen gehen, weil er am nächsten Tag einen wichtigen Termin hat. Eine halbe Stunde vor Ladenschluss betritt er einen Herrenausstatter und wird von dem Verkäufer freundlich begrüßt. Er sagt, er brauche dringend einen neuen Anzug, habe allerdings keine konkrete Vorstellung, wie dieser aussehen solle, und die Größe habe er leider vergessen.

Der Verkäufer hat nun zwei Möglichkeiten. Entweder er denkt: Was für ein netter Herr, dem kann ich wirklich einmal helfen bei der Auswahl und mein Können einsetzen. Ich habe sogar schon eine Idee, in welchem Modell er richtig gut aussehen könnte. Was für ein Glück, dass an diesem ansonsten langweiligen Tag noch ein Kunde hereinkommt, der nicht nur einen Schlips von der Stange kauft. Oder er denkt: Was glaubt der gute Mann eigentlich, wer er ist? In 20 Minuten schließen wir, und der wagt es, hier hereinzuspazieren, ohne auch nur annähernd zu wissen, was er will. Noch nicht mal seine Größe kennt er. Was für eine Unverschämtheit, womit habe ich das bloß verdient?

Die wenigsten Menschen werden bezweifeln, dass sie als Kunde die unterschiedlichen Gedanken des Verkäufers bemerken. Auch wenn sich der Verkäufer noch so zuvorkommend und entsprechend der Höflichkeitsregeln benimmt, irgendwie ist zwischen den Zeilen immer zu spüren, was er gerade denkt. Trotzdem würde der Verkäufer höchstwahrscheinlich behaupten, er sei so professionell, dass kein Kunde etwas von seinen negativen Gedankten spüre.

Viele Menschen neigen dazu, vom Verhalten anderer auf ihre Persönlichkeit zu schließen, während sie ihr eigenes Verhalten oft als durch die Situation bestimmt betrachten. In diesem Fall denkt der Verkäufer, er sei eigentlich immer professionell, nur machten ihm manche Umstände das Leben schwer. Der Käufer hingegen schließt vom Verhalten in diesem einen Moment auf die Persönlichkeit des Verkäufers.

In der Psychologie nennt man das »Attribution«, und dieses Phänomen verstärkt nur noch die Spirale, in der das, was der Verkäufer über den Kunden denkt, zu negativen Gedanken des Kunden über den Verkäufer führt. Fälschlicherweise glaubt dieser, der Verkäufer sei ein unfreundlicher Mensch, und merkt nicht, dass nur diese Situation für ihn anstrengend ist. Diese Gedanken sorgen wiederum auf der Seite des Verkäufersfür weniger Verständnis und Freundlichkeit, und bald sind alle Vorhersagen Wirklichkeit geworden.

> **Das eigene Denken hat eine große, wenn auch teilweise unbewusste Wirkung auf das eigene Handeln und auf die Ergebnisse, die man in einer Situation erzielen kann.**

Dies ist letztlich eine gute Nachricht. Man kann Einfluss nehmen auf das, was man denkt, und braucht damit nicht zum passiven Opfer seiner eigenen Gedanken zu werden.

Immer wenn ich bei einem Kunden festgefahrene Situationen erlebe, spielen die Gedanken der Beteiligten über die Situation dabei eine ausschlaggebende Rolle. Dabei macht es so gut wie keinen Unterschied, ob es um eine individuelle Fragestellung geht, um ein kleines Team oder um eine Organisation mit mehreren Tausend Mitarbeitern. Aufgrund seiner Erfahrungen formuliert ein jeder Mensch automatisch Gedanken und Annahmen über die Situation, in der er gerade steckt. Wenn diese Annahmen immer hermetischer werden, wenn es keine Offenheit mehr gibt für neue Informationen, dann wird dies gefährlich. Erkennen kann man das vor allem an Wörtern wie »immer«, »nie«, »müssen«, »dürfen«, die alle signalisieren, dass sich nur wenig ändern darf oder wird, weil der Betroffene gar keine neuen Informationen mehr braucht.

Wer denkt, wir werden es nie schaffen, dieses Projekt pünktlich fertigzustellen, der hat sich im Grunde schon dafür entschieden, nichts mehr in die pünktliche Abgabe zu investieren – und sorgt so dafür, dass das Vorhaben tatsächlich scheitert. Dabei kann dieser Gedanke durchaus realistisch sein und aufgrund zahlreicher Erfahrungen aus der Vergangenheit beinahe eine Tatsache beschreiben. Dennoch wird er darüber hinaus dazu beitragen, dass es nichts wird mit dem Projekt.

Wer dagegen denkt, wir haben es unter diesen Umständen noch nie geschafft, das Projekt pünktlich fertig zu bekommen, aber vielleicht können wir uns diesmal etwas überlegen, mit dem wir es gegen alle Erwartungen doch schaffen können: gleiche Situation, gleiche Erfahrung – aber ein weniger hermetischer Gedanke, der ein ganz anderes Handeln zur Folge hat.

Eintauchen in eine andere Welt

Wer Dinge denkt wie »es ist nun einmal so, dass ...«, der signalisiert vor allem eines: mangelnde Vorstellungskraft. Denn oft ginge es auch ganz anders. Und um ein anderes Ergebnis zu erreichen, braucht man nichts weiter als das, was man schon kann, wie folgendes Beispiel zeigt.

Es ist Sonntagabend, *Tatort*-Zeit, im Fernseher sind die ersten Szenen zu sehen. Wenn man jetzt ganz exakt beschreiben müsste, was man da sieht, wie lautete dann die richtige Antwort? Mit vollem Realitätssinn müsste man sagen: Schauspieler, die in einer Kulisse bestimmte Handlungen vollziehen.

Man stelle sich einmal vor, den ganzen Film aus dieser Perspektive anzuschauen. Der Spaß wäre einem gründlich verdorben. Denn ein jeder Film lebt davon, dass der Zuschauer ihn in seinem Kopf zu dem macht, was er vorgibt zu sein. Dass der Zuschauer einsteigt in die alternative Wirklichkeit, in die Geschichte, dass er seinen Realitätssinn für einige Zeit ausschaltet.

> In der Filmwelt nennt man das »suspension of disbelief«, das zeitliche Zurückstellen des eigenen Unglaubens. Es gibt wenige Menschen, die dazu nicht in der Lage sind. Vielmehr verfügt fast ein jeder über diese Gabe, sich für eine gewisse Zeit eine andere Realität vorzustellen, und man könnte sie noch viel breiter einsetzen, wenn man sich denn nur trauen würde. Letzteres kann, so unwirklich es auch klingt dazu führen, dass man mehr lernt, neue Ideen hat und so auf Dauer gesünder und glücklicher wird.

Das Interessante an dieser Realitätsausblendung, ohne die man nur halb so viel Spaß an jeder Geschichte hat, sei es nun ein Buch, ein Theaterstück oder eine mündlicher Erzählung, ist, dass man sich als erwachsener Mensch eigentlich gar nicht erlauben darf, noch eine andere Realität als die objektive zu akzeptieren. Menschen, die im Alltag die Realität ausblenden, werden als Spinner, Träumer oder Phantasten bezeichnet – alles keine Wörter mit positiven Konnotationen.

Das eigene Denken hat eine **große**, wenn auch teilweise unbewusste *Wirkung* auf das eigene **Handeln** und auf die Ergebnisse, die man in einer Situation erzielen kann.

Natürlich ist sich der Zuschauer auch während des Films darüber im Klaren, dass die erzählte Geschichte nicht echt ist, denn er lebt ja nicht in der Realität des Films. Genau darin steckt die spannende Dualität beim Zurückstellen des Unglaubens: Nur wenn der Zuschauer nicht dauernd daran denkt, dass er im Grunde nur Schauspielern bei der Arbeit zusieht, kann er den Film genießen – und das ist der Einstieg in eine andere Wirklichkeit, egal wie man es dreht und wendet. Die beiden Perspektiven existieren zeitgleich nebeneinander im Kopf, und das unterscheidet den Zuschauer auch von einem Spinner oder Phantasten – denn er weiß, dass er die Realität nur für eine begrenzte Zeit ausblendet, und kann sie jederzeit wieder einblenden.

Die Emotionen, die der Zuschauer während des Films hat, sind übrigens genauso echt wie die im richtigen Leben. Bei all den unglaublichen Fähigkeiten des menschlichen Gehirns – zwischen Realität und Vorstellung kann es nur schlecht unterscheiden. Es kennt nur Vorstellungen! Selbst wenn etwas tatsächlich passiert, bilden sich die Ereignisse im Gehirn immer nur ab als Vorstellung von dem, was passiert.

Realität und Vorstellungskraft

Die menschliche Vorstellungskraft kann extreme Konsequenzen haben – wie der Fall eines jungen Mannes in den USA illustriert. Der Sechsundzwanzigjährige war wegen Depressionen in psychiatrischer Behandlung. Er schien die Krankheit, an der er seit der Trennung von seiner Freundin litt, ganz gut im Griff zu haben – bis er und seine Exfreundin eines Tages heftig stritten. Vom anschließenden Gefühlschaos überwältigt, wollte der junge Mann sich umbringen und schluckte die restliche Monatsdosis seines Antidepressivums, insgesamt 29 Pillen. Die Tabletten zeigten sofort Wirkung, und sein Kreislauf sackte ab. Irgendwann beschlich den jungen Mann die Erkenntnis, dass er einen Fehler gemacht hatte, und er bat seinen Nachbarn, ihn in die Notaufnahme des lokalen Krankenhauses zu bringen. Dort konnte er zu dem diensthabenden Arzt nur noch sagen: »Helfen Sie mir, ich habe alle meine Pillen genommen«, dann brach er zusammen. Dabei fiel auch das leere Tablettenröhrchen zu Boden. Der Mann war zwar noch bei Bewusstsein, aber sein Puls war auf 110 Schläge pro Minute gestiegen und sein Blutdruck auf 80 zu 40 gesunken. Mit Infusionen stabilisierten die Ärzte seinen Kreislauf, aber sein Zustand verschlechterte sich, sobald sie diese wieder absetzten.

Inzwischen hatten die behandelnden Ärzte verzweifelt versucht, mehr Information über das eingenommene Medikament zu bekommen. Niemand kannte das Antidepressivum, bei dem es sich laut Etikett um ein Versuchspräparat handelte. Schließlich erreichte man den Psychiater des jungen Mannes. Der deckte auf, dass sein Patient an einer Testreihe für ein neues Antidepressivum teilgenommen hatte, in dem zwei Gruppen behandelt wurden. Die eine Gruppe bekam das richtige Medikament, die Kontrollgruppe nur ein Placebo.

Der junge Mann gehörte zur Kontrollgruppe. Er hatte 29 Placebos geschluckt. Als sein Arzt ihm dies in seinem schwachen Zustand mitteilte, geschah etwas, das sie weder mit Infusionen noch mit sonst einer Behandlung erreicht hatten: Innerhalb einer Viertelstunde erholte sich der Patient so weit, dass er aufstehen und nach Hause gehen konnte.

Der Glaube an etwas, das nachweisbar fiktiv ist, kann dennoch sehr reale Auswirkungen haben.

Das gleiche Phänomen kommt zum Tragen, wenn Sportler behaupten, ein Tennismatch oder einen Wettkampf »im Kopf« gewonnen zu haben. Viele Leistungssportler schwören auf die mentale Vorbereitung von wichtigen Spielen und Turnieren, womit sie das Trainieren der Bewegungsabläufe im Kopf meinen, also die Vorstellung von dem, was sie erreichen wollen.

Auch Filme wie *Matrix* oder *Inception* entführen den Zuschauer in eine Szenerie, in der die Darsteller in ihrer Gedankenwelt leben. Es gibt keine echte Welt mehr, alles ist nur ausgedacht – damit ist letztlich alles möglich, und gleichzeitig erschrickt der Zuschauer bei der Vorstellung der kompletten Virtualisierung des Lebens.

Man könnte das jetzt alles verbuchen unter den interessanten Geschichten, die man sich auf Partys erzählt und die dann mit jedem Erzählen etwas weiter aufgebauscht werden. Ganz toll, dass man jetzt weiß, dass man sich also manchmal etwas vormacht, und dass man auch noch seine Muskeln dadurch trainieren könnte. Beim nächsten Mal im Sportstudio hat man das wahrscheinlich schon wieder vergessen – es sei denn, man ist Leistungssportler oder ein Adept des Mentaltrainings oder anderer Variationen, die sich dieses Phänomen zunutze machen. Und auch dann noch tut man wahrscheinlich gut daran, bestimmten Bekannten nicht zu erzählen, dass man dadurch trainiert, dass man sich etwas nur vorstellt – man würde schnell als Esoteriker oder Spinner betrachtet.

Trotz dieser Einwände sind diese Beispiele mehr als nur interessante Anekdoten, denn sie alle zeigen, dass Menschen ihr Vorstellungsvermögen noch viel öfter und breiter einsetzen könnten, als sie es bereits tun. Etwa beim Spielen oder beim Filmeschauen, wo man sich ganz bewusst auf die fiktive Wirklichkeit einlässt, um den Film genießen zu können.

> *Unser Denken existiert nicht unabhängig von uns, vielmehr können wir uns, auch wenn sich das merkwürdig anhört, bewusst dafür entscheiden, etwas anderes zu denken. Und damit völlig neue Dinge erreichen.*

Von allen hier vorgestellten Spielprinzipien ist die Vorstellungskraft wahrscheinlich am einfachsten auf sich selbst anwendbar, wenn auch auf den ersten Blick relativ unsichtbar und niedrigschwellig. Ein jeder kann es ausprobieren, ohne dass jemand anderes es sofort merkt.

Meine Kollegin Cora Smit hat bei uns in der Firma den Satz geprägt: »Ich entscheide mich dafür, dich interessant zu finden.« Diese bewusste Entscheidung verändert jede Beziehung zum Positiven – dabei muss derjenige, der sie getroffen hat, sie dem anderen nicht mal mitteilen. Man kann beschließen, seinen neuen Kollegen interessant und/oder kompetent zu finden – und vergleichen, was passiert, wenn man sich beim nächsten neuen Kollegen etwas ganz anderes vorstellt.

Die Wichtigkeit des Vorstellungsvermögens und damit der eigenen Gedanken wird häufig übersehen. Vor einigen Jahren habe ich mit einem Manager gearbeitet, der Unmengen an Fachliteratur gelesen, Seminare belegt hatte und alle Methoden der Personalführung aus dem Effeff kannte – und trotzdem auf diesem Gebiet nicht erfolgreich war. Er bemühte sich wirklich, hörte aktiv zu, wendete Sandwichfeedbacks an, übte sich in Konfrontation ebenso wie in Komplimenten – und dennoch war die Unzufriedenheit unter seinen Mitarbeitern hoch. Er bekam regelmäßig die Rückmeldung, seine Leute hätten nicht den Eindruck, dass er sich wirklich interessiere. Der Manager wusste beim besten Willen nicht, was er noch anders machen solle.

In einem unseren Gespräche redeten wir über seine Mitarbeiter, und ich fragte ihn, was er eigentlich von seinen Leuten halte, ob er zufrieden sei. Für ihn arbeiteten nur kompetente Menschen, sagte er, nur verstünden sie oft nicht, dass es mehr gebe als nur ihre eigene Abteilung. Letztendlich fühle niemand sich richtig verantwortlich, alle anderen gingen um fünf Uhr nach Hause und würden nicht mal weiter denken als gefordert. Im Endeffekt bliebe alles an ihm hängen.

Ob er schon einmal mit seinen Mitarbeitern offen darüber geredet habe, erkundigte ich mich. Natürlich gebe er den Leuten Feedback, wenn sie ihre Arbeit nicht fertig bekämen oder wenn er Kritik habe. Aber er wolle eben auch nicht dauernd negativ sein, schließlich habe er gelernt, dass auch Komplimente wichtig seien.

Genau in dieser Spannung lag das Problem: Der Manager wollte konstruktiv und ausgewogen sein – nur leider gelang es ihm nie, weil er im Endeffekt trotz aller Bemühungen immer noch negativ über seine Mitarbeiter dachte und genervt war.

Der Durchbruch kam mit einem auf den ersten Blick ebenso merkwürdigen wie einfachen Experiment: Wir einigten uns darauf, dass er sich beim nächsten Gespräch mit einem seiner Mitarbeiter vorstellen solle, dass eine andere Person vor ihm sitze, nämlich ein Mitarbeiter aus seiner Erinnerung, mit dem er immer sehr zufrieden gewesen war, dem er vertraut hatte und dem er immer positive, professionelle Intentionen unterstellt hatte. Dieser andere Gedanke sorgte für scheinbar kleine Veränderungen, zum Beispiel in seiner Wortwahl, in Formulierungen wie »Schön, dass Sie da sind« oder darin, dass er Kritik anders verpackte. Er sagte diesmal nicht wie sonst: »Sie machen das einfach nicht gut genug«, sondern: »Ich verstehe es nicht ganz. Ich kenne Sie eigentlich als jemand, der absolut zuverlässig arbeitet. Nur bei diesem Projekt habe ich einen anderen Eindruck. Was ist passiert?« Der größte Unterschied zu den vorigen Gesprächen aber bestand in dem, was nicht gesagt wurde und trotzdem rüberkam – der Tonfall, der Gesichtsausdruck, die Gesten – alles Dinge, die man nicht einstudieren und vortäuschen kann, die aber ganz natürlich echt sind, wenn man das, was man sagt, auch wirklich denkt.

Das Experiment war ein voller Erfolg. Zwar merkte der Mitarbeiter, dass sein Chef anders war als sonst, und er traute dem Frieden auch nicht so ganz – doch das Gespräch nahm ihm bald die Skepsis, weil es in einem völlig anderen Tonfall stattfand als sonst. Nachdem der Manager seinem Mitarbeiter auch noch erzählt hatte, dass er bewusst versucht habe, einen anderen Ansatz zu finden, stand einem Stimmungsumschwung im Team nichts mehr im Wege.

Im Endeffekt musste der Manager sich nur trauen, etwas anderes zu denken.

Innovation und Vorstellungskraft

Wirklich neue Ideen und Innovationen können nicht entstehen, ohne dass sich jemand etwas vorstellt.

Ein Beispiel: Der Marketingleiter eines Kaugummiherstellers soll die stagnierenden Verkaufszahlen mit einem neuen Impuls beleben. Das Produkt ist an sich gut, nur fehlt es irgendwie am gewissen Etwas, an einer Verkaufsstrategie, mit der es sich von all den anderen Kaugummis auf dem Markt unterscheidet.

Wenn der Marketingleiter das Problem analytisch angeht, macht er als Erstes eine Liste der bisherigen Verkaufsstrategie, die Vertreterbesuche, Rabatte, neue Displays in den Läden, Werbung oder eine andere

Wie stimuliert man Phantasie?

Der
Phantasie
sind keine
Grenzen
gesetzt.

Verpackung umfasst. Nach einer eingehenden Analyse, was davon am erfolgreichsten war, wird genau diese Maßnahme ausgeweitet. Oder er blickt ein wenig über den Tellerrand zur Konkurrenz, von der er vielleicht die eine oder andere Verkaufstechnik kopieren könnte.

Gegen all das ist natürlich nicht viel einzuwenden – aber auf wirklich neue Ideen wird der Marketingleiter so nicht kommen.

Genau darin liegt das Problem dieser »Strategieberatung«, die allzu oft angeboten wird. Damit kann man zwar Analyse in Höchstform betreiben, den Status quo bestimmen oder versuchen zu ermitteln, was mit welcher Wahrscheinlichkeit sein könnte, aber man bewegt sich stets auf dem Boden der Tatsachen. Genau dieser Boden hält einen jedoch fest und verhindert, dass die Ideen und Maßnahmen außergewöhnlich werden, weil man sich immer nur das vorstellt, was es schon gibt. Der Fokus auf das, was ist, verhindert damit, dass man das Undenkbare erfindet, die Überraschung.

Mein Kollege Paul Keursten nennt das »den Punkt, an dem mehr vom selben nicht mehr weiterhilft«.

Wenn man auf neue Ideen kommen will, dann hilft es, wenn man so tut, als ob.

Der Marketingleiter des Kaugummiherstellers soll also für höhere Verkaufszahlen sorgen. Wenn er sich nun anstatt eine eingehende Analyse in Auftrag zu geben einfach mal vorstellt, er müsse den Absatz von Autos erhöhen oder mehr Versicherungen verkaufen oder eine hochtechnologische Maschine, käme er auf ganz andere Ideen als bisher. Was, wenn sein Produkt Füße hätte? Wohin würde es dann laufen? Was, wenn der Kaugummi nur zehn Prozent des derzeitigen Preises kosten würde oder zehnmal so viel? Wie müsste man ihn dann an den Mann oder die Frau bringen?

Dieser Ansatz ist weder besonders kompliziert noch neu – das Erstaunliche ist vielmehr, wie wenige Menschen sich trauen, in solchen Dimensionen zu denken. Die Keimzelle jeder Innovation liegt in der Fähigkeit, sich etwas anderes vorzustellen. Das Schwierige daran ist oft, dass wir gelernt haben, zu tun als ob sei kindisch, verwerflich und unprofessionell, weshalb wir lieber bei dem bleiben, was wir kennen, genau wissen und analysieren können, statt uns selbst und anderen zuzugestehen, wenigstens in Gedanken aus dem Rahmen zu fallen.

Die Dynamik von Vorgaben wie »Lassen Sie uns vor allem ganz ernst bleiben und nichts Verrücktes denken« ist zumeist sehr subtil und indirekt. In einem derartigen Rahmen werden kleine Nebenbemerkungen oder Signale, die Leichtigkeit suggerieren, gerne mal ignoriert – der andere will nicht mitspielen, heißt es dann schnell. Die Kunst besteht darin, sich nicht aus dem Konzept bringen zu lassen. Das gelingt, indem man sich etwas vorstellt, ohne es sofort mitzuteilen, indem man nach außen an dem förmlichen Gespräch teilnimmt und gleichzeitig mit seinen Gedanken bei ganz anderen Szenarien ist.

Der Trick mit der Imagination funktioniert genauso, wenn man ihn auf größere Gruppen anwendet – auch wenn die Hemmschwelle dann viel größer ist und mit höherem Aufwand überwunden werden muss.

Eine Konferenz in der Welt der Vorstellung

Die niederländische Stiftung Foundation for Corporate Education (FCE) hat es sich zum Ziel gesetzt, Personal- und Organisationsentwickler aus- und weiterzubilden. Im November 2008 feierte sie ihr fünfundzwanzigjähriges Jubiläum mit einem großen Kongress zum Thema »Die Zukunft der Personal- und Organisationsentwicklung«. Die FCE beschloss, die Veranstaltung in einem anderen Rahmen als üblich abzuhalten, um der Teilnehmer zu inspirieren und einen Kontext zu schaffen, der eine ganz andere Offenheit herstellte als sonst. Sie wünschten sich etwas anderes als Vorträge und Workshops, in denen bloß die heutigen Trendlinien in die Zukunft durchgezogen würden.

Das war der Zeitpunkt, an dem meine Kollegin und ich in das Projekt einstiegen. Wie könnte so ein Kontext aussehen?, überlegten wir. Und wie könnte man die Teilnehmer dazu bewegen, sich mal etwas ganz anderes vorzustellen, damit wirklich Neues entstehen kann? Wir entschieden uns dafür, den Kongress in der Zukunft stattfinden zu lassen, und konzipierten ihn als eine Zeitreise. Die Teilnehmer sollten nicht über die Zukunft reden, sondern sie erfahren, und zwar in einem Dorf der Zukunft. Die gute Idee stieß bald an ihre Grenzen, denn das Budget war knapp, und so konnten wir weder ein aufwendiges Bühnenbild konzipieren noch Schauspieler und andere Experten einfliegen, um das Dorf für die Teilnehmer zu gestalten.

Wir beschlossen, uns die Tatsache zunutze zu machen, dass das menschliche Gehirn nicht zwischen Wirklichkeit und Vorstellung unterscheiden kann. Wenn die Teilnehmer sich die Zukunft auf dem Kongress nur vorstellten, könnte das beinahe genauso wirksam sein. Nur wie sollten wir die 150 Teilnehmer dazu bewegen, sich etwas vorzustellen, dass es gar nicht gab, und dann auch noch so lebendig, dass es konkrete Auswirkungen auf eine gemeinsame Erfahrung hatte? Ging das überhaupt?

Es ging. Und zwar, indem wir Joseph Schmidt erfanden. Dieser Mann tauchte irgendwann wie aus dem Nichts auf, stellte sich nach der ersten Vorankündigung per Mail den möglichen Kongressteilnehmern vor. Er sei

Absolvent des ersten Lehrgangs der Stiftung, habe allerdings nie die Abschlussprüfung bestanden, schrieb er. Er arbeite allerdings immer noch an seiner Abschlussarbeit und habe endlich auch ein Thema gefunden: »Die Zukunft der Personal- und Organisationsentwicklung«. Weiterhin betreibe er einen Blog im Internet und freue sich schon darauf, sich mit den Kongressteilnehmern auszutauschen.

Die Mail löste eine leichte Verwirrung bei den potenziellen Teilnehmern aus, doch bald folgten weitere Mails, in denen Joseph von seinen Forschungsarbeiten im Rahmen seiner noch zu bestehenden Abschlussprüfung erzählte. Er habe auf einer Tagung in China von einem Dorf namens Wapserwoude gehört, in dem die Menschen uns in Sachen Organisationsentwicklung zehn bis 20 Jahre voraus seien. Leider könne er das Dorf nicht finden, behauptete er, und bat um Hilfe. In seinem Blog dokumentierte Joseph seine Suche nach dem unbekannten Dorf; unter anderem rief er bei der Telefonauskunft an, die ihm bestätigte, dass es in den ganzen Niederlanden kein Wapserwoude gebe.

Je näher der Kongresstermin rückte, desto mehr fand der fiktive Joseph Schmidt über das unbekannte Dorf heraus. In jeder Woche teilte er seine neuen Entdeckungen mit, stellte Filme ins Internet und fand auf einmal den versteckten Eingang in das verschlossene Dorf. Zwei Tage vor Beginn des Kongresses wusste er zu berichten, dass seine Entdeckung die Zukunft der Menschheit oder zumindest jene der Personalentwickler, die zu dem Kongress kämen, nachhaltig verändern würde. Er wolle mal schauen, was er bis dahin noch regeln könne.

Es ist der 7. November 2008, der erste Tag des Jubiläumskongresses der FCE. Die Teilnehmer versammeln sich in Rotterdam in einer alten Fabrikhalle. Der Vorstand begrüßt die Gäste, Preise werden verteilt, Reden geschwungen, es hagelt Glückwünsche zum fünfundzwanzigjährigen Bestehen. Auf einmal erhebt sich ein durch uns engagierter Schauspieler mittleren Alters aus der Masse, greift sich ein Mikrofon und unterbricht die Veranstaltung. Es tue ihm leid, dass er stören müsse, er könne einfach nicht länger warten. Die meisten würden ihn ohnehin schon kennen, Joseph Schmidt sei sein Name. Er habe nicht zu viel versprochen, es sei ihm tatsächlich gelungen, einen Arbeitsbesuch in Wapserwoude zu organisieren. Die Kongressteilnehmer sollten sich bitte im Klaren darüber sein, was das heiße, denn sie alle könnten nun einen unvergleichlichen Moment für die Menschheit miterleben. Abschließend bittet er die Anwesenden, durch die Vorhänge am Ende des Raumes zu schreiten und sich zuvor eine Rose ans Revers zu stecken – das sei so Tradition in Wapserwoude.

Und so wandern auf einmal 150 Teilnehmer durch einen Vorhang in eine spärlich eingerichtete Fabrikhalle. Das Interieur gleicht einem Bühnenbild für ein modernes Theaterstück, ist sehr minimalistisch, Orte und Räume sind eher angedeutet. Es gibt eine Schule, einen Supermarkt, ein Rathaus, ein Café, ein Gesundheitszentrum, eine Beratungsfirma und ein internationales Zentrum. Der Bürgermeister des Dorfes erwartet die Gäste, begrüßt sie kurz und schlägt vor, sie sollten sich erst einmal umschauen.

So nimmt ein Nachmittag in Wapserwoude seinen Lauf – dem fiktiven Dorf der Zukunft. Die Kongressteilnehmer beteiligen sich an Gesprächen und Workshops in den verschiedenen Gebäuden. Es geht um eine neue Art der Schule, in der man auf die Talente von Kindern aufbaut, statt (Wissens)Lücken zu füllen, und darum, im Rathaus mit neuen Formen der Bürgerpartizipation zu experimentieren. In all den Workshops erfahren die Kongressteilnehmer, wie sich die Ansätze der Personal- und Organisationsentwicklung in der Zukunft entwickeln könnten – hin zu einer talentorientierten Perspektive oder zu neuen Formen der Partizipation. All diese Inhalte werden nicht als theoretische Präsentation dargebracht, sondern im Gespräch, als befände man sich schon in der Zukunft.

Die Referenten sind fasziniert, wie groß der Effekt der Vorstellungskraft ist. Statt Fragen nach der Definition der Themen, statt Deutungsdiskussionen über die Richtigkeit von möglichen Annahmen über die Zukunft entstehen Gespräche über die Zukunft, die alle aktiv gestalten wollen. Niemand stellt eine der berüchtigten »Ob«-Fragen (»Wer weiß, *ob* diese oder jene Entwicklung wirklich relevant ist?«), dafür haben die Teilnehmer umso mehr »Wie«-Fragen (»*Wie* könne man diese Ideen möglichst schnell realisieren?«).

Eine Teilnehmerin fasst es am Ende so zusammen: »Als ich durch den Vorhang trat, da dachte ich: Jetzt geht alles. In Wapserwoude, da ist nämlich alles möglich.«

Wer neugierig geworden ist auf Wapserwoude, kann unter www.wapserwoude.eu weiterlesen und sich eine Filmdokumentation ansehen.

Der Schritt von der »Ob«- zur »Wie«-Frage mag klein scheinen, aber er ist es ganz und gar nicht. Wer seine Frage mit »Ob« beginnt, der steckt noch im Anhäufen von mehr Wissen fest und verschiebt das Tun auf morgen. Wer sie dagegen mit »Wie« beginnt, der hat sich auf den Weg zum Handeln gemacht.

Man kann sich also auch mit 150 Kollegen zusammen etwas vorstellen. Und diese fiktive Vorstellung kann dann sehr reale Konsequenzen haben, und zu ganz neuen Einsichten führen.

Sich etwas vorzustellen und seine eigenen Gedanken zu beeinflussen ist kein verrückter Luxus für abgedrehte Spinner, sondern der Schlüssel, um festgefahrene Muster hinter sich zu lassen und sich für wirklich neue Ideen zu öffnen.

Kurz und prägnant

→ Spielen handelt immer auch von Imagination, von der Leichtigkeit, sich einfach mal etwas vorzustellen, das über das Gängige hinausgeht.

→ Was wir uns vorstellen, beeinflusst unser Handeln – viel mehr, als wir oft glauben.

→ Unser Gehirn macht so gut wie keinen Unterschied zwischen Vorstellung und Realität. Das, was wir uns nur vorstellen, kann daher erstaunlich reale Konsequenzen haben.

→ Die Keimzelle jeder Innovation liegt in der Fähigkeit, sich etwas anderes vorzustellen. Wer das weiß, kann seine Vorstellungskraft für die unglaublichsten Dinge einsetzen.

5 Spielräume

»Spielraum« ist endlich einmal ein Wort, in dem sich Spielen und Arbeiten einander annähern können, auch in der Alltagssprache. Die meisten Arbeitenden wünschen sich mehr Spielraum – nämlich den Freiraum, in dem sie selbst die Dinge und Aufgaben gestalten können. Spielräume sind aber auch Räume, in denen man neues Handeln ausprobieren und erfahren kann. In denen man lernt. Ich kann mir keine Fragestellung vorstellen, deren Kern das Handeln von Menschen ist, die ohne die Schaffung von neuem Spielraum gelöst werden kann.

Wenn zum Beispiel bei einem Espressoautomatenvertreiber der Umsatz gesteigert werden soll, sind der Schlüssel dazu die Vertreter, die ihren Kunden dafür grundlegend anders gegenübertreten müssen. Bei einer Sitzung wird daher entschieden, dass sie künftig mehr »Espresso-Begeisterung« ausstrahlen und in ihrer eigenen Art mehr auf einer Linie mit dem Qualitätsanspruch des Herstellers liegen sollen. Die Frage ist dann, wie man die Vertreter soweit bekommt. Denn selbst die aufwendige, teure Präsentation, bei der ihnen der Vertriebsleiter die neue Marschrichtung vermittelt – »Wir haben für euch herausgefunden, dass ihr ab jetzt eure Arbeit mal ganz anders machen solltet« –, wird nicht viel ausrichten und im schlimmsten Fall sogar kontraproduktiv wirken.

> Nur indem man den Raum schafft, in dem Menschen etwas ausprobieren und mit neuem Handeln experimentieren können, entsteht die Erfahrung und später dann eventuell auch die Einsicht, dass es anders viel besser ginge.

Derlei Spielräume müssen nicht groß geschaffen werden, denn im Grunde gibt es sie schon überall, etwa in Labors, in denen tagtäglich erforscht wird, was alles möglich wäre – und zwar immer wieder neu. Das geht sehr strukturiert und zielführend, und gleichzeitig existiert dabei immer auch ein spielerischer, scheinbar zielloser Bereich, der umso größer ist, je unbekannter das ist, wonach man sucht.

Die meisten Menschen finden es logisch, diese Experimentierräume einzurichten, wenn sie herausfinden wollen, wie bestimmte Moleküle aufeinander reagieren. Jeder hat auch schon einmal davon gehört, dass große Unternehmen diesen Freiraum organisieren, wie die Internetsuchmaschine Google, die ihren Mitarbeitern angeblich einen Tag in der Woche »frei« gibt, um an den Dingen zu arbeiten, auf die sie Lust haben. Mit großem Erfolg, denn eine Vielzahl der neuen Ideen des Unternehmens stammt aus diesen unstrukturierten Spielräumen.

Nur wer den Spielraum bekommt, um Dinge auszuprobieren und auszuwerten, hat die Chance, das Rad neu zu erfinden.

Viel weniger logisch scheint es, diese Räume auch bewusst zu nutzen, wenn es um menschliches Handeln geht, und schon gar nicht, wenn das eigene Denken betroffen ist. Unbewusst passiert es immer wieder, etwa bei der Berufsanfängerin in einem Start-up-Unternehmen

Nur wer den Spielraum bekommt,
um Dinge auszuprobieren
und auszuwerten,
hat die Chance

das Rad neu zu erfinden neu zu erfinden neu zu erfinden neu zu erfinden in den Niederlanden, die die Kundenbetreuung von der Pike an aufbaut. Es gibt noch keine Vorschriften, sondern nur schlechte und gute Beispiele anderer Firmen und ihre eigene Kreativität. Weil sie ausprobieren kann, auf welche Art und Weise die Firma dafür sorgen kann, dass die Kunden sich am Telefon wirklich gut betreut fühlen, entsteht Spielraum. Die Firma wächst seit zehn Jahren – und die Abteilung wird von unabhängigen Bewertungsagenturen mit Bestnoten ausgezeichnet. Aufgebaut von einer Zwanzigjährigen ohne jegliche Erfahrung im Callcenterbereich.

Das Transferproblem

Das Denken in Spielräumen im Arbeitskontext ist noch lange nicht selbstverständlich. Das beste Beispiel dafür, wozu die Abwesenheit von Spielräumen führen kann, sind die unzähligen Schulungen, die jahrelang in großen wie in kleinen Firmen stattfinden. Trotz des oft hohen Aufwands sind sie häufig ineffektiv – weil man die Spielräume vergisst.

In der Weiterbildungsbranche nennt man die Tatsache, dass die Seminarteilnehmer das, was sie im Tagungshotel lernen, nur selten hinterher in der Praxis anwenden, das »Transferproblem«. Der Transfer besteht in der Übertragung des Neuen vom Tagungshotel in den Arbeitsalltag – und das Problem dabei ist, dass diese Übertragung nicht von selbst und damit freiwillig stattfindet. In der Weiterbildungsbranche gilt das Transferproblem als Naturphänomen, also als eine Herausforderung, deren Entstehen man nicht beeinflussen kann, der man sich aber umso mehr zu stellen hat. Jeder Trainingsanbieter, der etwas auf sich hält, bezeichnet diesen Transfer als immens wichtig und hat alle möglichen Maßnahmen im Angebot, mit denen er diesen Transfer gewährleisten kann. Die wenigsten davon zielen allerdings auf die Vergrößerung des

Spielraums – und haben daher oft nur wenig Effekt, wie das folgende Beispiel zeigt.

Die Führungskräfte eines Reifenherstellers werden zu einem Kommunikationstraining eingeladen. Das ist kein abwegiger Gedanke, denn die meisten Mitarbeiter in Unternehmen finden, dass die Kommunikation dringend verbessert werden müsse, wenn man sie fragt.

Eine Gruppe wird also in ein Tagungshotel gebracht, wo sie in schöner Umgebung und bei gesundem Essen mit einem hochqualifizierten Trainer eines der unzähligen existierenden Kommunikationsmodelle lernen soll. Neben der Theorie gibt es auch einen großen Praxisteil, bei dem sie in Rollenspielen bestimmte Verhaltensweisen übt. Mithilfe des Trainings haben die Teilnehmer – wahrscheinlich sogar wirklich – ihren eigenen Kommunikationsstil weiterentwickelt und neue Techniken erlernt, wie sie ein Gespräch besser gestalten können. So weit, so gut.

Einer der Teilnehmer hat also danach das Gefühl, diesmal richtig viel gelernt zu haben, und redet am Wochenende mit seinem Partner oder seiner Partnerin darüber, wie interessant dieses Modell mit den vier Ohren oder den drei Kommunikationsebenen war. Er ist der Ansicht, dass er endlich wirklich versteht, warum Männer und Frauen von verschiedenen Planeten kommen oder wieso Ossis indirekt und Wessis direkt kommunizieren. Am Montagvormittag kehrt er zurück an seinen Schreibtisch, und gleich als Erstes steht ein Gespräch mit einer langjährigen Mitarbeiterin an. Nicht ganz einfach, aber gut, man kennt sich lange und weiß, woran man ist. Kurz überlegt er, die neu gewonnenen Einsichten sofort auszuprobieren und das Gespräch einmal ganz anders anzugehen als bisher. Er nimmt sich vor, viel mehr offene Fragen zu stellen und zusammenzufassen, was bei ihm angekommen ist. Oder er will ohne

Vorwürfe probieren, die Unzufriedenheit der Mitarbeiterin zur Sprache zu bringen, die zwar deutlich spürbar ist, aber nie auf den Tisch kommt. Andererseits fühlt er sich noch nicht so sicher mit dem Erlernten, dass er es sofort ausprobieren könnte, denn die Gefahr, dass es nicht so gut läuft, ist ihm zu groß. Die Mitarbeiterin wäre zweifellos erstaunt, und dann käme bei ihm dieses leicht peinliche Gefühl auf, sich eine Blöße gegeben zu haben. Also führt er das Gespräch wie immer, dann ist er auf der sicheren Seite.

Sollte er doch etwas ausprobieren, heißt es im Büro dann anschließend, der Chef sei wohl mal wieder bei einem Training gewesen, aber es sei sicher nur eine Frage der Zeit, bis er wieder »normal« sei. Bald sind tatsächlich alle guten Vorsätze Geschichte, und der Manager bemüht sich, so schnell wie möglich in den gewohnten Arbeitsrhythmus zurückzufinden. Die erlernten Kommunikationsmodelle bleiben bestenfalls eine gute Erinnerung an ein interessantes Seminar.

Fazit:
Erlerntes Wissen (etwa die Ergebnisse der jüngsten Kundenumfragen) lässt sich relativ leicht aufnehmen und in der Praxis anwenden. Erlernte Fähigkeiten dagegen – also Handlungsmodelle, Herangehensweisen – brauchen Übung, damit man sie auch wirklich beherrscht. Je dichter diese Übung am echten Alltag ist, desto mehr Chancen, dass die neue Fähigkeit eingesetzt wird.

Eine meiner Kolleginnen sagt immer: »Wenn man anfängt, eine neue Fähigkeit im Alltag anzuwenden, dann sieht das am Anfang meist nicht gut aus – etwa so ähnlich wie die ersten Versuche beim Fahrradfahren.« Jede Fähigkeit, die man erlernt, muss man üben. Laut Gehirnforschung muss man neue Dinge etwa 40 Tage lang täglich wiederholen, bevor überhaupt die Chance besteht, dass sie zur Routine werden. Ohne den Spielraum, um üben zu können, wird die Führungskraft aus dem Beispiel bei der Anwendung des neuen Kommunikationsmodells also nicht gut aussehen.

In den meisten Situationen nutzen Menschen diesen Spielraum nicht, denn der Chef will seinen Ruf als Führungskraft hochhalten, während Kollegen und Mitarbeiter von der Schulungsmaßnahme nichts mitbekommen haben und sich im Zweifel als Versuchskaninchen fühlen. Ohne den Spielraum, das Erlernte in die Praxis umsetzen und spielerisch üben zu können, wird der Lerneffekt der Schulung schnell verpuffen. Weil das Arbeitssystem sich nicht mitentwickelt, wenn es nicht Teil der Schulungsmaßnahme ist, fehlt es den Teilnehmern hinterher an der dringend nötigen Übung – und dann sieht das neu Erlernte immer so aus, als säße man zum ersten Mal auf einem Fahrrad. Und das entspricht vermutlich in den wenigsten Fällen dem Bild, das eine Führungskraft von sich vermitteln möchte.

In vielen Fällen wird versucht, das Transferproblem zu lösen, indem man den Seminarteilnehmern noch »Hausaufgaben« mitgibt, etwa ein gezieltes Projekt zum Üben oder ein, zwei sich anschließende Coachings oder einen weiteren Seminartag mehrere Wochen oder Monaten nach dem ersten, bei dem thematisiert wird, wie die Teilnehmer das Gelernte angewendet haben. All das sind Maßnahmen mit sehr begrenztem Effekt.

Denn solange man nicht bewusst Spielräume im Alltag schafft, wird es immer schwierig bleiben, das Gelernte dann einzusetzen, wenn es darauf ankommt. Der Schlüssel zur Lösung des Transferproblems liegt im Schaffen von Spielräumen.

Die Frage des Transferproblems stellt sich nicht nur nach Seminar-besuchen, sondern eigentlich immer, wenn man in seinem Arbeitsumfeld etwas ändern will. Man kann sich zwar oft schnell und leicht etwas ausdenken, das man anders machen will oder von dem man sich wünscht, dass andere es ändern. Der nächste Schritt ist dann immer der in die Praxis, zum Ausprobieren – auch wenn manche Menschen einen anderes glauben machen wollen.

Oft wird dieser Schritt in die Praxis dann »Implementieren« genannt – für mich eine der größten Seifenblasen des Wirtschaftssprachgebrauches. Denn dieses Wort suggeriert, dass man sich etwas bis ins letzte Detail ausdenken und es dann zu einem beliebigen Zeitpunkt einführen kann. Das klingt nach einem klinisch reinen Prozess, der jederzeit kontrollier- und steuerbar ist, wenn man nur die richtigen Instrumente einsetzt. Das kann funktionieren, aber nur wenn diese Einführung nicht davon abhängig ist, dass Menschen irgendwo etwas anders tun sollen als zuvor. In Ausnahme-situationen kann man tatsächlich von einem Tag auf den anderen den Schalter umlegen, etwa wenn man ein neues Computersystem installiert, das mit dem ersten Einschalten läuft.

Zumeist soll so ein neues System aber einen Zweck erfüllen für das Unternehmen, beispielsweise die Effizienz steigern, den Informations-fluss verbessern oder dafür sorgen, den Kunden besser zu helfen, weil man jetzt viel schneller sehen kann, welche Produkte in welchem Lager vorrätig sind. Wer allen Ernstes verspricht, mit dem Anschalten des neuen Systems sei alles geschafft, der schießt am Ziel vorbei. Denn der Erfolg – den Kunden tatsächlich schneller sagen zu können, wo welche Produkte vorrätig sind – hängt davon ab, dass die Mitarbeiter mit der neuen Software auch umgehen können und wollen. Davon, dass die Lagerarbei-ter Ein- und Ausgänge korrekt aufnehmen. Davon, dass der Kundenberater weiß, wo er die jeweilige Information findet, und dass er überhaupt nachsieht, wenn ein Kunde anruft. All das kann man nicht lernen und etablieren, ohne vorher herumzuprobieren – und das wird nicht geschehen ohne Spielräume.

Spielräume gibt es überall, man muss sie nur bewusst einsetzen und nutzen.

Das klingt logisch und wird darum auch oft berücksichtigt. Doch je komplexer die Aufgabe ist, je undefinierbarer das Handeln ist, um das es geht, desto mehr gerät die Übung, die nur in Spielräumen entstehen kann, ins Hintertreffen. Und so liegt die Frage nahe, wie so ein Spielraum überhaupt definiert werden kann und wie man ihn sich selbst und anderen schaffen kann.

Räume von begrenzter Konsequenz

Kinder spielen spontan, man braucht sie nicht dazu zu überreden. Allerdings spielen sie nicht immer, sondern es braucht dazu einen bestimmten Kontext, einen Raum. Ein Bekannter von mir, der sich ausgiebig mit dem Thema Kindererziehung befasst hat, sagte dazu einmal: »Spielen ist nur möglich im Raum begrenzter Konsequenzen.« Der Satz ist bei mir hängen geblieben – weil er mit wenigen Worten die Essenz des Spielraums beschreibt.

Die Konsequenzen, die es zu begrenzen gilt, können verschiedener Art sein. Da wären zum einen die sozialen Konsequenzen, die etwas mit der Reaktion anderer Menschen auf das eigene Handeln und Spielen zu tun haben. Werde ich hier anerkannt? Wie ist mein Ruf? Mögen die anderen mich? Darf ich hier sein, auch wenn ich Fehler mache oder einiges nicht so gut kann? Zum anderen gibt es da noch die physischen Konsequenzen, also Naturphänomene oder direkte Gefahren, die das Spiel beeinträchtigen. Eltern lassen ihre Kinder, wenn sie noch nicht schwimmen können, gewiss nicht auf einem wackeligen Schlauchboot in der Nordsee spielen. Die Konsequenzen eines Unfalls oder Fehlers könnten fatal sein – eben nicht begrenzt. Der adäquate Spielraum wäre in dem Fall ein Planschbecken oder ein flacher See oder eine Aufsichtsperson mit im Boot sowie Schwimmwesten. Wenn dann doch mal was schiefgeht, kann man gut damit umgehen, denn ein Sturz ins Planschbecken unter Aufsicht ist nicht fatal.

Trotz der Eindringlichkeit dieser physischen Konsequenzen ist die Abwesenheit negativer sozialer Konsequenzen noch wichtiger, damit sich Spiel frei entfaltet. Dabei zählen für Kinder wie für die meisten Menschen letztendlich nicht die tatsächlichen physischen oder sozialen Gefahren, die man vielleicht vorab gar nicht überblicken kann, sondern die eigene Wahrnehmung und Interpretation der Gefahren – die Angst vor dem, was passieren könnte.

> **Angst ist einer der potentesten Spielverderber. Woher diese Angst kommt, ist dabei unerheblich. Das kann die gefühlte Bedrohung durch physische Umstände sein oder die Angst, für Fehler bestraft zu werden.**

Die meisten Eltern wissen das intuitiv und geben ihren Kindern nicht nur physische Sicherheit, sondern schaffen auch sozialen Spielraum, indem sie die Kleinen ermutigen, Fehler leicht nehmen, mit den Kindern drüber lachen, oder indem sie sich gemeinsam mit ihnen über gelungene Experimente freuen. So schwindet die Angst, und das Spiel kann sich entfalten.

Wenn Kinder etwas Neues lernen, probieren sie das Erlernte sofort kompromisslos aus, und zwar immer wieder neu und mit unermüdlicher Energie. Wenn Kinder ein neues Wort lernen, setzen sie es erst einmal bei allen möglichen – und auch unpassenden – Gelegenheiten ein, um herauszufinden, was passiert und welchen Effekt dieses Wort hat. Die Eltern greifen ein, wenn es zu bunt wird, und setzen Grenzen, allerdings stets mit dem Grundtenor, dass das Ausprobieren an sich gut ist, dass es toll ist, wenn das Kind etwas lernt, und dass sie jederzeit sie selbst sein dürfen.

Wenn Erwachsene etwas Neues lernen, dann finden sie das anfangs oft sehr interessant und probieren auch ein bisschen herum, aber am nächsten Tag sind schon wieder andere Dinge wichtiger, und es gerät in Vergessenheit.

Der Unterschied zwischen beiden Situationen ist nicht nur das Alter des Protagonisten, sondern vor allem die Tatsache, dass Kinder beim Ausprobieren von Neuem eher auf Zustimmung oder Leichtigkeit stoßen, dass alle dieses Verhalten geradezu von ihnen erwarten. Als Erwachsener sollte man dagegen möglichst keine merkwürdigen Sachen ausprobieren. Dass Erwachsene sich keine Blöße geben wollen, dass ihnen der eigene Ruf so wichtig ist, ist als Symptom der Tatsache anzusehen, dass die Konsequenzen des Ausprobierens aus subjektiver Perspektive nicht begrenzt sind.

> Wenn man den Spielraum über die Abwesenheit von physischen und sozialen Konsequenzen sowie über die Angst vor diesen Konsequenzen definiert, dann ergibt sich daraus eine Perspektive, wie man diesen Raum schaffen kann – nämlich durch das Begrenzen dieser Konsequenzen und der Angst davor.

In den meisten Berufen, egal ob als Sachbearbeiterin im Bürgeramt, als Verkäufer in einem Supermarkt oder als Führungskraft eines Großunternehmens, und für die meisten Situationen gibt es kaum ernsthaft bedrohliche physische Konsequenzen. Wenn es sie gibt, dann gehen die Beteiligten zumeist routiniert damit um, wie das folgende Beispiel zeigt.

Eine Sekretärin will in der Bedienung des neuen Textverarbeitungsprogramms auf ihrem Computer besser werden. Um schnell zum Erfolg zu kommen, wäre es hilfreich, wenn sie einfach anfängt herumzuprobieren, indem sie einen Text auf eine andere Art als gewöhnlich öffnet. Die schlimmste physische Konsequenz ist, dass sie auf eine falsche Taste drückt und dabei eine Datei löscht oder zerstört. Das ist jedem wahrscheinlich schon einmal passiert und kommt in den allermeisten Fällen nicht dem Weltuntergang gleich. Abgesehen davon könnte die Sekretärin diese physische Konsequenz ganz einfach umgehen, indem sie eine Sicherungskopie erstellt. In Bereichen, in denen die physischen Konsequenzen eine größere Rolle spielen und man trotzdem üben will, lässt sich dennoch in den allermeisten Fällen die nötige Sicherheit herstellen, wie es beispielsweise die Feuerwehr aus einem der vorangegangenen Kapitel gemacht hat.

Man kann das Ganze auch umdrehen: In jenen Berufen, in denen die physischen Konsequenzen von Fehlern gravierend sein können, etwa bei Ärzten, in Atomkraftwerken oder in der Raumfahrt, wird von vornherein viel investiert, um diese Konsequenzen zu begrenzen – sowohl durch technische Maßnahmen (Schutzkleidung, Abschaltautomatiken etc.) als auch durch Übung.

In Berufen, in denen es im Ernstfall um Leben und Tod geht, wird andauernd gespielt – weil es die beste Vorbereitung auf den Ernstfall ist.

> Die meisten Menschen halten die sozialen Konsequenzen von möglichen Fehlern für sehr viel wahrscheinlicher als die physischen, und sie sind tatsächlich oft schwieriger zu begrenzen. Hinzu kommt, dass die Angst vor unerwünschten Reaktionen anderer deutlich größer ist als das, was tatsächlich passieren kann. Beides zusammen verhindert dann, dass die Menschen anfangen zu spielen.

Daher ist es sinnvoll, sich zunächst mit den sozialen Konsequenzen des eigenen Handelns zu beschäftigen und danach mit der Angst vor diesen Konsequenzen, die zuweilen ein Eigenleben führt, und zwar unabhängig davon, wie die Umwelt tatsächlich darauf reagiert.

Wer im Arbeitsumfeld den eigenen Spielraum weit fasst und sich Freiräume nimmt, wird auch mal unerwartete Dinge tun, Fehler machen und etwas ausprobieren, das am Ende nicht klappt. Die befürchteten negativen Folgen, etwa durch Kollegen oder Vorgesetzte, lassen sich in drei Gruppen einteilen, die alle etwas mit menschlichen Grundbedürfnissen zu tun haben.

Das Bedürfnis nach Anerkennung

Das erste Grundbedürfnis beinhaltet den Wunsch nach Anerkennung, Respekt und Akzeptanz. Der Mitarbeiter will die Erwartungen seiner Kollegen erfüllen und anerkannt werden für das, was er leistet. Der Chef will in seiner Autorität und Kompetenz wertgeschätzt werden. In der Tat sehen viele Menschen die vermeintlichen Fehler anderer als Schwäche an, Ausprobieren gilt als Unsicherheit, Offenheit und Neugier gelten als Entscheidungsschwäche. Wer in einer solchen Unternehmenskultur Spielräume schaffen will, um zu experimentieren und das zu erforschen, was noch nicht mehrfach bewiesen und belegt ist, der läuft Gefahr, dass andere sich ein negatives Bild von ihm machen. Damit schwächt er seine eigene Position.

Das Bedürfnis nach positiver Eigenwahrnehmung

Das zweite Grundbedürfnis handelt von dem Wunsch, vor sich selbst positiv dazustehen. Man will sich selbst gerne als stark, professionell, wissend und könnend sehen, zumindest nicht mehr als Lehrling oder Anfänger. Für viele Menschen ist der Neuanfang nach einem Karrieresprung oder in einem neuen Arbeitsplatz traumatisch, denn dadurch wird man oft erst mal zurückgeworfen, man weiß nur wenig und fängt bei null an. Diese Unsicherheit kann man entweder vertuschen oder man kann sie sich zum Vorteil machen und sich sagen, dass man dadurch völlig neue Dinge lernen und sehen kann. Man kann darunter leiden oder das eigene Lerntempo signifikant erhöhen. Wie auch immer die eigene Strategie lautet – die meisten Menschen versuchen im Arbeitskontext eher Situationen, in denen sie etwas noch nicht können, zu vermeiden, als sie zu suchen. Das ist einerseits verständlich, weil die Konfrontation mit dem eigenen Unvermögen unangenehm ist, andererseits beschneidet man sich damit selbst in seinen Spielräumen.

Das Bedürfnis, dazuzugehören

Die meisten Menschen wollen Teil der Gruppe, der Organisation, der Firma sein und auch von anderen so gesehen werden, darum geht es beim dritten Grundbedürfnis. Ein jeder will sowohl in wichtige Entscheidungen einbezogen als auch zum Umtrunk nach Feierabend eingeladen werden. Und in der Kaffeeküche will niemand alleine in der Ecke stehen, sondern gefragt werden, wie sein Wochenende war.

Freiräume gezielt einsetzen

Wer im Arbeitskontext spielerisch handelt, also experimentiert, mit Spaß bei der Sache ist, handlungsorientiert denkt und eine große Vorstellungskraft hat, der hat gute Chancen, dass die Reaktionen seiner Kollegen diese drei Grundbedürfnisse berühren. Vor allem in der Eigenwahrnehmung kann man schnell glauben, es koste einen den Respekt der anderen, man fühlt sich selbst nicht professionell, und wird zum Außenseiter. Kein Wunder, wenn man sich dann nicht mehr spielerisch an die Arbeit ran traut.

Es ist interessant, dass exakt die gleichen spielerischen Verhaltensweisen in der Freizeit, also mit Freunden, in der Familie oder im Verein oft, zu entgegengesetzten Reaktionen führen, nämlich zu mehr Respekt, einem als höher empfundenen Eigenwert und dem Gefühl, dazuzugehören. Die jeweilige soziale Konsequenz ist also keineswegs vorbestimmt, sondern abhängig davon, welche Vorstellungen eine Gruppe oder Organisation davon hat, was professionelles und adäquates Handeln im jeweiligen Kontext ist.

Oft verdirbt die Angst vor den möglichen sozialen Konsequenzen das eigene Spiel viel eher, als es diese realistisch betrachtet verdienen.

Wie man im Kleinen mit diesen Ängsten, die den Spielraum einengen, umgeht, zeigt das folgende Beispiel:

Eine Personalchefin hat die Aufgabe, den hohen Krankenstand in ihrem Unternehmen zu verringern und soll dem Firmenchef eine Liste mit Maßnahmen präsentieren, aus denen er dann die besten auswählen will. Sie schaltet mich als Berater ein und bittet um einige Vorschläge für die Liste. Im Verlauf unseres Gesprächs wird ihre eigene Wahrnehmung der Situation immer schärfer. Eigentlich, so stellt sie fest, ist so eine Liste eine sehr simple Methode für das Management, sich nicht mit dem Thema zu beschäftigen, sondern andere mit der Lösung des Problems zu beauftragen. Und genau darin liegt nach ihrer Einschätzung das Problem, denn sie hat das Gefühl, dass die Tatsache, dass das Management Probleme nicht selbst anpackt, sondern delegiert, ein Hauptgrund für den hohen Krankenstand ist.

Die Maßnahmenliste war dennoch so gut wie fertig, und wir besprachen, wie die Personalchefin diese der Führungsebene am besten vorstellt. Würde sie ihre eigenen Schlussfolgerungen ernst nehmen, dürfte sie die Liste gar nicht präsentieren, lautete mein Kommentar, denn dann würde sie beim Abschieben der Verantwortung mitmachen. Vielmehr könnte sie – auch um ihrer eigenen Position Nachdruck zu verleihen – der Runde mitteilen, dass sie dieses Gespräch als erste Maßnahme zur Behebung des Problems sehe. Schließlich gehe es darum, die Rolle der Manager im Umgang mit dem Krankenstand miteinander zu besprechen. Alle anderen Maßnahmen wären dann eine Folge der Rolle des Managements und keine Alternative.

Meine Kundin stand vor der Entscheidung, dem Wunsch ihres Vorgesetzten nicht zu entsprechen, weil sie zu einer neuen Einsicht gekommen war. Sie fand das sehr schwierig, wenn nicht sogar unmöglich.

In diesem Fall ging es darum, dass die Kundin den gegebenen Auftrag anders auffasst und außerhalb des vorgegebenen Rahmens nach neuen Lösungen sucht – zum Wohle des Unternehmens. Gleichzeitig war es extrem schwierig für sie, sich von den eigenen Befürchtungen vor dem, was alles schiefgehen könnte und wie der kleine Ungehorsam aufgenommen werden würde, zu befreien.

Am Ende entschied sich die Personalchefin dafür, den nötigen Spielraum zu schaffen. Elegant erklärte sie gleich zu Beginn, wieso sie den Auftrag nicht zu erfüllen gedenke, und zitiert eine Studie, welche die Wichtigkeit der führenden Rolle des Managements beim Lösen von betriebsinternen Problemen belegt. Dann fragte sie entwaffnend, wem von den anwesenden Managern die Beschäftigung mit dem Krankenstand so viel Spaß bereite, dass er gerne eine zentrale Rolle beim Angehen des Problems spielen möchte.

Es kommt zu unruhigen Reaktionen, nicht viele davon nur positiv, aber die eigene Rolle der Führungskräfte in dem Ganzen wird sofort thematisiert. Argumente werden ausgetauscht, warum diese Rolle gar nicht wichtig sei, und behauptet, dass man ohnehin schon alles in seiner Macht Stehende tue. Außerdem liege das Problem nun wirklich nicht im Aufgabenbereich der Führungsebene. Die Personalchefin hat mit heftigem Gegenwind zu kämpfen, bis einer der Manager ihr beispringt und sagt, er merke an seiner eigenen Reaktion und der seiner Kollegen, dass keiner von ihnen sich für dieses Thema wirklich verantwortlich fühlen wolle. Dies veranlasse ihn zu dem Schluss, dass darin eventuell doch die Ursache für das Problem liege.

Das Gespräch wendet sich, und die Personalchefin bietet jedem Einzelnen an, ihn bei seinen eigenen Bemühungen im Angehen des Problems zu unterstützen.

Die Geschichte hat einen guten Ausgang, und die Personalchefin hätte sich genauso gut eine Abfuhr holen können – und das war natürlich ihre große Angst. Aber selbst damit hätte sie, davon bin ich fest überzeugt, ihre Position im System nur gestärkt, weil sie sich als verbindliche und unkonventionelle Mitdenkerin zu erkennen gegeben hat und nicht unsichtbar geblieben ist als jemand, der brav tut, was man ihr sagt.

Die Essenz des Spiels ist die andere Perspektive, die neugierige Frage, was möglich wäre wenn...

Diese Blockaden will niemand, und noch viel weniger will man, dass andere aufgrund dieser Angst nicht mehr produktiv arbeiten. Dennoch landet man schneller als gewollt in der Falle der Befürchtungen, was die anderen über einen denken könnten.

Und so geht es beim Schaffen von Spielräumen um das Begrenzen der sozialen Konsequenzen von möglichen Fehlern und der Angst vor diesen Konsequenzen. Daraus lassen sich bei logischer Betrachtung einige Strategien zum Bau von Spielräumen ableiten, die in beliebiger Kombination einsetzbar sind:

→ Sicherheiten einbauen,

→ Erwartungen managen,

→ vorhandene Spielräume nutzen,

→ Unterschiede umarmen,

➡ sich mit anderen zusammentun,

➡ die eigenen Angstvorstellungen überprüfen.

Sicherheiten einbauen

Das Einbauen von Sicherheiten geschieht meistens automatisch, etwa indem der Präsentierende seinen Standpunkt mit einer Studie untermauert. Die Personalchefin aus dem vorangegangenen Beispiel könnte auch die eingeforderte Liste in der Hinterhand behalten und damit deutlich machen, dass sie sich nicht vor der Arbeit drücken wollte oder noch einen Experten zum Thema mit in die Runde nehmen.

Im Grunde ist dieses Vorgehen nichts anderes als der Versuch, das vorherzusehen, was passieren könnte – und dafür vorzusorgen. Im Beispiel von den Niederländischen Eisenbahnen war vorab schon zu erkennen, dass der Spielraum der Schaffner und Lokomotivführer irgendwann dadurch begrenzt werden würde, dass ein bestimmtes Experiment gegen die Regeln verstoßen würde, woraufhin irgendeine Stabstelle deren Einhaltung erzwingen würde. Die Angst vor der abwehrenden Haltung anderer und der Strafe, die auf Regelübertretungen folgen könnte, hätte womöglich viel Kreativität zunichte gemacht. Daher richteten die Verantwortlichen ein »rotes Telefon« ein, damit die beteiligten Schaffner anrufen konnten, wenn sie das Gefühl hatten, auf Widerstand zu stoßen oder von einer Regel blockiert zu werden. Das rote Telefon war die direkte Verbindung in die Chefetagen des Unternehmens – und ermöglichte die schnelle und unbürokratische Erlaubnis, die Regeln im Rahmen des Projektes zu brechen.

Erwartungen managen

Die zweite Strategie zum Schaffen von Spielräumen besteht im Managen der Erwartungen anderer und im Beeinflussen ihrer Interpretationen dessen, was man tut. Das klingt komplizierter, als es ist, denn die meisten Menschen tun genau das andauernd. Wenn sich die weiter vorn erwähnte Sekretärin den Spielraum verschaffen will, um mit ihrem Textverarbeitungsprogramm zu experimentieren, dann schickt sie die erste Version an jene Kollegen, zu denen sie ein besonders gutes Verhältnis hat, und schreibt in der begleitenden E-Mail, dass sie gerade am Herumprobieren sei und um Verständnis für eventuelle Fehler bitte.

All diese Maßnahmen dienen dazu, die anderen in ihrer Interpretation der möglichen Fehler zu beeinflussen. Sie sollen diese als Lernprozess und damit als Bemühen der Sekretärin betrachten, ihre Arbeit künftig noch besser zu machen.

Die Erwartungen und Interpretationen anderer lassen sich auf viele verschiedene Arten beeinflussen, manchmal am einfachsten dadurch, dass man mit einer kurzen Anmerkung den Kritikern den Wind aus den Segeln nimmt.

Wer für andere mehr Spielraum schaffen will, der sollte aufhören, in Erwartungen zu denken. Mein Kollege Robert von Noort erklärt Führungskräften gerne und oft, dass sie auf ihre eigene Enttäuschung hinarbeiten, wenn sie ihren Mitarbeitern weiterhin ständig erzählen, was sie alles von ihnen erwarten. Erwartungen sind für denjenigen, an den sie gerichtet sind, stets einengend und gleichen fast emotionaler Erpressung. »Wenn du nicht das tust, was ich von dir erwarte, dann werde ich enttäuscht sein« – Sätze wie dieser vernichten jeden Spielraum, nehmen jede Freiheit, selbst zu entscheiden, was man tun will. Im Endeffekt werden die Erwartungen dann zum Kontrollinstrument.

Einen ähnlich kontraproduktiven Effekt auf das Arbeitsergebnis hat das Abfragen der Erwartungen anderer. Wenn sich der Moderator zu Beginn einer Sitzung oder einer Schulung erst mal nach den Erwartungen der Teilnehmer erkundigt, setzt man eine Dynamik in Gang, mit der man sich selbst jeden Spielraum nimmt. Stehen die Erwartung erst einmal fest, dann sind sie an den jeweiligen Empfänger delegiert, der nun dafür sorgen soll, dass sie erfüllt werden.

Eine sehr sinnvolle und hilfreiche Alternative zu Erwartungen sind Einladungen, weil sie Spielräume schaffen. Auch in Einladungen kann man dem anderen deutlich mitteilen, was man gerne hätte, dass er täte. Gleichzeitig bleibt, zumindest wenn sie ehrlich gemeint ist, immer genügend Raum für den anderen, der Einladung zu folgen oder es zu lassen. Eine gute Einladung ist stets positiv, betont das Attraktive am gewünschten Handeln und geht von etwas aus, worin der andere gut ist, was er kann. Ein Satz wie »Ich bereite gerade eine Veranstaltung vor und hätte sehr gerne, dass Sie mich dabei unterstützen, weil ich Ihr Organisationstalent sehr schätze und ich hoffe, dass es Ihnen auch Spaß machen könnte« wird sehr viel mehr Spielraum erzeugen als der Satz: »Es ist Ihre Aufgabe, mir bei der Organisation zu helfen, und ich erwarte, dass Sie mich bestmöglich unterstützen.«

> Erwartungen, und zwar fremde wie eigene, wird es immer geben. Wer in Spielräumen denkt, antizipiert die Erwartungen anderer, benennt sie, schafft Transparenz hinsichtlich dem, was realistisch ist, um sich selbst nicht einzuengen. Und er denkt in Einladungen, um anderen Spielräumen zu schaffen.

Vorhandene Spielräume nutzen

Man muss sich Spielräume nicht immer extra schaffen – oft genug gibt es sie schon und man muss sie nur entdecken. Darum geht es bei der dritten Strategie. Beispielsweise ist der Spielraum, sein Telefon anders zu programmieren, damit man die wichtigsten Kontakte schneller findet, fast bei jedem vorhanden. Selbst wenn man sich danach ein oder zweimal verwählt, wird niemand das übel nehmen. Bei direkten Interaktionen ist es oft schwieriger. Wer etwa eine neue Form von Feedbackgespräch üben will, der kann nicht damit rechnen, dass der betroffene Mitarbeiter ihm einen falschen Satz sofort verzeiht. »Entschuldigung, der Satz war nicht so gelungen, ich probiere es einfach noch mal« funktioniert leider nicht so gut wie »Entschuldigung, ich habe gerade eine falsche Taste gedrückt und mich verwählt«.

> Die Tatsache, dass wir einander bestimmte Ungeschicklichkeiten eher verzeihen als andere, ist ein interessantes Phänomen.

Kommunizieren und vernünftig miteinander reden lernen die Menschen in den meisten Kulturen im Kindesalter. Daher verzeiht man Kindern den allzu expliziten Ausdruck der eigenen Emotionen ebenso wie einen unbedachten Satz. Von Jugendlichen wird da schon mehr erwartet, und bei Erwachsenen geht man einfach davon aus, dass sie die Regeln der Kommunikation beherrschen. Letztlich bleiben daher viele Menschen in ihrer Art, mit anderen umzugehen, auf dem Wissensstand stehen, den sie im Altern von etwa 20 Jahren hatten. Die Bereitschaft, auch als Erwachsener immer besser mit dem anderen umgehen zu lernen – etwa mit dem Partner –, ist oft nicht gerade von Begeisterung geprägt. Zwar bilden sich im Job nicht wenige Menschen durch Seminare und Bücher weiter, aber zum Üben kommen sie im Arbeitsalltag kaum.

Mein persönlicher Lieblingsraum, um doch zu üben, ist der Zug. Dort kann man vieles ausprobieren. Wer auch immer einem im Zugabteil gegenübersitzt, ist ein Unbekannter, dem man vermutlich nie wieder begegnen wird. Und wenn es ganz peinlich wird, kann man am nächsten Bahnhof einfach aussteigen oder sich einen anderen Platz suchen. Kurzum: Die Konsequenzen sind überschaubar. Kann man mit einem Gespräch über das Wetter beginnen, einer Klage über die Bahn (das kommt immer gut an) oder über das Buch, das Ihr Gegenüber gerade liest. Man kann nun aktives Zuhören üben und Ihren Gesprächspartner einfach reden lassen, mit ihm ein bisschen plaudern oder das Gespräch vertiefen und einfach mal ausprobieren, was passiert, wenn man die Dinge urteilsfrei benennt, die nur halb gesagt werden, zwischen den Zeilen. Sollte es schiefgehen, passiert einem nichts weiter, und der andere steigt einfach irgendwann aus. Sollte es dagegen klappen, kann das Gespräch eine spannende Wendung nehmen, mit der man nie gerechnet hätte.

> Spielräume sind im Prinzip überall schon da, vor allem wenn man irgendwo neu anfangen kann, sei es in einer Beziehung oder einem Job. Im Grunde immer dann, wenn man sein Gegenüber nicht kennt und langfristig nicht auf den anderen angewiesen ist.

Es gibt noch weitaus mehr Experimentierräume, die man nur nutzen muss. Ein Beispiel: Ich habe einmal einen Teamleiter gecoacht, der Konflikten grundsätzlich eher aus dem Weg ging, statt seine Interessen zu vertreten. Er stieß immer öfter an die Grenzen seiner Effektivität, und seine Mitarbeiter kamen zunehmend schlechter mit ihm klar, weil sie ihn als wenig transparent erlebten und weil ständig Konflikte im Verborgenen schwelten. Es war Zeit, die Konflikte anzugehen, doch im Arbeitsumfeld war ihm das nicht möglich. Der Teamleiter musste endlich mal ins kalte Wasser springen und aufhören, immer bloß die Ursachen für diesen Zustand zu erforschen. Er musste am eigenen Leib erfahren, was passiert, wenn er anders handelt. Allerdings brauchte er dazu einen sicheren Spielraum, der in der Firma nicht vorhanden war.

Der Teamleiter entschied sich schließlich für den Laden, in dem er vor Kurzem einen Rasierer gekauft hatte, mit dem er nicht zufrieden war. Er suchte sich einen Moment aus, in dem kaum andere Kunden im Verkaufsraum waren, und nahm sich vor, einen einzigen Satz anders zu sagen als sonst. Es ging um den Moment, nachdem er sich beschwert und der Ladenbesitzer ihm erklärt hatte, dass er ihm nicht entgegenkommen könne. In solchen Augenblicken hatte der Teamleiter bisher immer frustriert klein beigegeben, doch diesmal wollte er einfach ausprobieren, was passieren würde, und sagte: »Ich sehe das wirklich anders als Sie. Wie können wir jetzt eine Lösung finden?« Schlimmstenfalls hätte ihn der Ladenbesitzer hinauswerfen können, und er hätte dieses Geschäft nie mehr betreten. Ihm konnte also nichts passieren, daher traute er sich – und hatte Erfolg, denn der Ladenbesitzer tauschte das Gerät um.

Unterschiede umarmen

Die vierte Strategie des Schaffens von Spielräumen ist in ihrer Umkehrung gleichzeitig die am weitesten verbreitete Art, die Handlungsfreiheit von anderen Menschen einzuengen. Je größer Organisationen werden, desto mehr wird versucht, unter dem Gesichtspunkt der Effizienz Abläufe und Vorgehensweisen zu standardisieren. Dieses weiter vorn bereits beschriebene Denken in Gemeinsamkeiten führt also nicht nur dazu, dass Dinge aufgeschoben werden, sondern hat auch, wenn es um die Schaffung von Spielräumen geht, einen großen Anteil an ihrer Einengung. Im Idealfall äußert sich der Wunsch nach Gemeinsamkeit in einem Bild von der eigenen Firma oder Organisation als gut geölte Maschine, in der sich alle Teile – sprich Menschen – an die Regeln halten und alle die Abläufe so vereinheitlichen, dass die Mitarbeiter ohne Probleme an verschiedenen Standorten arbeiten können, oder dass durch eindeutige Vorgaben in der Reisekostenabrechnung niemand bevorteilt wird. Für Uniformität gibt es durchaus einen guten Grund und sie ist an sich auch nicht schlecht, dennoch begrenzt sie den vorhandenen Spielraum.

> Wer Spielräume schaffen will, der denkt am besten in Diversität und Verschiedenheit, freundet sich mit dem Gedanken an, dass viele Wege nach Rom führen, und sieht davon ab, einheitliche Lösungen und Vorschriften für alle zu etablieren.

Wie man sehr sinnvoll mit Unterschieden umgehen kann, zeigt eine Hochschule in den Niederlanden, an der zur Umsetzung des Bologna-Protokolls einige neue Studiengänge eingeführt werden mussten. Außerdem sollten die Examen neu strukturiert werden, und zugleich wollte der Vorstand der Hochschule die Gelegenheit für eine Modernisierung des pädagogischen Konzeptes nutzen. Jede neue Mitteilung des Vorstands über die anstehenden Veränderungen wurde von den Lehrenden ebenso wie von den Dekanen der Fakultäten und den Fachbereichsleitern kritisch beäugt und hinterfragt. Alle folgten den Vorschriften und taten, was von ihnen verlangt wurde, aber im Grunde blieb damit alles beim Alten. Nur keine Risiken und die neuen Vorschriften so umsetzen, dass sie möglichst genau zu dem passen, was wir bisher machten, lautete die Devise. Der Vorstand erhöhte erst mal den Druck und forderte die Angestellten mit Nachdruck auf, die Innovationen endlich auszuarbeiten. Es wurde eine Projektgruppe mit Repräsentanten aller Fakultäten gebildet, damit auch ja alle mitreden konnten. Die Folge war ein zäher Prozess mit viel Gerede und wenig Inspiration oder Fortschritt.

Als der Vorstand eines Tages beschloss, anders an die Sache heranzugehen und Spielraum für neue, unorthodoxe Ideen und Experimente zu schaffen, war das der Durchbruch. Die Projektgruppe wurde aufgelöst, dafür waren alle Fachbereiche eingeladen, auf ihre Art und Weise mit Neuerungen zu experimentieren, solange sie sich an ein paar Rahmenbedingungen hielten, um die Akkreditierung der Studiengänge sicherzustellen. Bei einem großen Festival sollten die Fachbereiche ihre Lösungen und Innovationen dann präsentieren. Auf einmal entstand jede Menge kreative Energie, Menschen kamen in Bewegung, fingen an, ihre eigenen Konzepte auszubauen, neue Ideen zu entwickeln oder von den Unterrichtsmodellen anderer zu profitieren. Entgegen der Befürchtung, dadurch könne eine so große Bandbreite an neuen Modellen entstehen, dass das Profil der Hochschule leide, sorgte das Festival für viel Gemeinsamkeit und schuf neue Querverbindungen zwischen den Fakultäten.

Viele Führungskräfte nehmen fälschlicherweise an, dass die meisten Menschen am liebsten nur ihr eigenes Ding machen wollen, da sie im Alltag oft mit Leuten zu tun haben, die mehr oder weniger offen um ihre Freiräume kämpfen. Dabei ist dieser Kampf zumeist nichts weiter als eine notwendige Reaktion auf ein System, das immer wieder versucht, Menschen in die Uniformität zu zwingen.

Die meisten Menschen wünschen sich eine Balance aus Eigenständigkeit und Verbindungen zu anderen. Diese Balance ist gar nicht so schlecht, auch aus Organisationssicht, denn die meisten sorgen von sich aus für mehr Verbindung, wenn ihnen genügend Raum bleibt für ihre eigene Art, die Dinge anzugehen. Gemeinsamkeit lässt sich dann am besten dadurch fördern, dass man es für die Beteiligten einfach und attraktiv macht, sich auszutauschen.

Dazu muss man aushalten können, dass nicht alle Menschen zum gleichen Zeitpunkt in eine neue Entwicklung einsteigen wollen, denn die unterschiedlich große Bereitschaft, sich auf Neues einzulassen, ist so etwas wie eine Naturkonstante. Man fängt eben einfach mit den Leuten an, die bereits so weit sind und Lust haben herumzuprobieren. Sie haben Energie, werden den dargebotenen Spielraum zu schätzen wissen und ihn auch nutzen. Die anderen werden dann oft neugierig und wollen von sich aus wissen, was da gerade vor sich geht. Sobald dann die ersten kleinen Erfolge sichtbar sind, wird die Zahl der aktiv daran Beteiligten wachsen. »Work with the willing people«, fasste einer meiner Kunden diesen Grundgedanken einst sehr prägnant zusammen.

Sich mit anderen zusammentun

Spielräume sind oft Räume, in denen sich Menschen mit anderen zusammentun. Wer diese Räume für sich und andere schaffen will, der sollte dafür sorgen, dass ein jeder sich diejenigen, mit denen er zusammenarbeitet, selbst aussuchen kann. Die Kraft der freiwilligen Entscheidung füreinander wird oft unterschätzt. Dabei ist es nur logisch, dass man am besten spielen kann, wenn man die Spielkameraden selbst gewählt hat. Ein Satz wie »Ich habe heute für dich entschieden, dass du mit Gabi spielst« funktioniert schon bei Kindern nicht sehr gut (es sei denn, die Mutter oder der Vater weiß, dass die Tochter mit ihr befreundet ist). Bei Erwachsenen ist das nicht anders.

In der Learning Company haben meine Kollegen und ich den Anspruch, unsere eigenen Ideen, Modelle und Überlegungen, wie man wissensproduktiv arbeitet, zunächst an uns selbst auszuprobieren, um herauszufinden, was funktioniert und was nicht. Daher gibt es bei uns nicht viele Strukturen, wir verlassen uns eher auf ein paar Entscheidungsprinzipien. Eines davon nennen wir »gegenseitige Attraktivität«. Das mag vage klingen, ist aber sehr konkret. Die Idee dahinter ist der Gedanke, dass besondere Dinge vor allem dann zustande kommen, wenn man sie mit Menschen macht, die auf einen eine besondere Anziehungskraft ausüben – entweder durch das, was sie können, oder wie sie mit anderen zusammenarbeiten.

Wenn also jemand ein neues Projekt in Angriff nimmt, sucht er sich stets selbst aus, mit welchen der Kollegen er es abwickeln möchte. Es gibt keine zentrale Verteilinstanz, die für die günstigste Kapazitätsauslastung sorgt, sondern jeder ist selbst dafür verantwortlich, dass er weder zu wenig noch zu viel zu tun hat. Werden manche Kollegen nur selten zu Projekten hinzugezogen, dann ist das wahrscheinlich kein Zufall – und damit ein Anlass, um miteinander ins Gespräch zu kommen. Kombiniert man dieses harte Marktprinzip damit, dass ein jeder von uns ein grundsätzliches Interesse am Wohlergehen aller Kollegen hat – schließlich besitzen wir alle Anteile an der Firma und wünschen uns Erfolg –, entstehen durch das Prinzip der gegenseitigen Attraktivität jene Gespräche, die nötig sind, damit das Unternehmen gesund bleibt.

In denen geht es dann oft um so kleine Dinge wie die individuelle Art der Kommunikation, die einem anderen womöglich nicht liegt, oder das eigene Kompetenzprofil, also die Bereiche, in denen man besonders gut oder nicht so gewandt ist. Wichtig ist dabei vor allem die Erkenntnis, dass es gar nicht so kompliziert ist, darüber miteinander konstruktiv ins Gespräch zu kommen.

> Es scheint eine menschliche Konstante zu sein, dass man sich weniger gebunden fühlt an Entscheidungen, die für einen getroffen werden, als an Entscheidungen, die man selbst getroffen hat.

Zum Spielraum, den man gemeinsam mit anderen Menschen nutzt, gehört nun mal die Freiheit, selbst zu entscheiden, mit wem man arbeiten will. Wenn diese Auswahl von jemand anders für einen getroffen wird, führt das in den meisten Fällen dazu, dass man sich für die Zusammenarbeit mit den anderen nicht richtig verantwortlich fühlt. Und da die Qualität dieser Zusammenarbeit einer der wichtigsten Erfolgsfaktoren für das ist, was in dem geschaffenen Freiraum passiert, ist es dumm, auf die Verantwortung aller zu verzichten.

Die eigenen Angstvorstellungen überprüfen

Die sechste und letzte Basisstrategie des Schaffens von Spielräumen handelt von den eigenen Ängsten und Gedanken. Wer sich dauerhaft diversen Angstvorstellungen hingibt, was alles passieren könnte, wenn man mal aus dem Rahmen fällt und etwas Neues ausprobiert, der begrenzt jeglichen Spielraum im Vorhinein, ohne dass es dazu noch einen anderen Menschen braucht.

Ein Beispiel: Eine Friseurin und Mutter von zwei Kindern will das gegenwärtig herrschende Chaos auf ihrem Schreibtisch zu Hause angehen und ihre Unterlagen besser sortieren. Als erste Maßnahme hat sie sich vorgenommen, einmal auszuprobieren was passiert, wenn sie jeden Brief, den sie am Abend aus dem Postkasten holt, konsequent sofort liest, beantwortet und abheftet, statt ihn irgendwo hinzulegen, wo er garantiert im Papierstapel verschwindet. Grundsätzlich ist das ein guter Vorsatz, doch es wird Donnerstagnachmittag, bis sich ihr die erste Chance bietet, es anders zu machen als sonst. Der Tag im Friseurladen war wieder mal fürchterlich stressig, und sie hat das dringende Bedürfnis, sich zu erholen – und keine Briefe abzuheften ... Kann das nicht bis Samstag warten?, fragt sie sich und macht sich erst mal einen Tee.

Wenn sie jetzt so handelt wie immer und die fünf Briefe aus dem Postkasten einfach zur Seite legt, dann ist das einerseits kein Beinbruch, andererseits aber auch kein guter Einstieg für die Veränderung. Die Friseurin wird sich wahrscheinlich wie eine Versagerin fühlen. Es ist ja wohl das Mindeste, so schimpft sie sich selbst, dass du ausreichend Selbstdisziplin aufbringst und dir ein wenig Mühe gibst. Sie könnte sich jetzt schwarzärgern über sich selbst und denken, dass sie es nie schaffen wird, Ordnung zu halten. Oder sie könnte auch nach einem neuen System suchen, das noch radikaler ist oder »garantiert« funktioniert. Spielerisch ist all das nicht.

Spielerisch wäre vielmehr, wenn die Friseurin in sich geht und überlegt, was sie dazu bringen könnte, die Briefe sofort abzuheften, obwohl sie müde und erschöpft ist. An einem Tag könnte sie sich einen großen Zettel auf den Schreibtisch legen, am nächsten Tag könnte sie sich mit einer neuen CD belohnen. Sie probiert ein bisschen herum und beobachtet, was am besten funktioniert. Wenn sie die Briefe dann doch mal liegen lässt, ärgert sie sich nicht darüber, sondern versucht es einfach mit der nächsten Methode.

> **Wer sich selbst Spielräume schaffen will, muss seine Erwartungen an sich selbst modifizieren.**

Das alles mag lächerlich oder selbstverständlich klingen – vor allem für jene Menschen, die sehr ordentlich sind. Aber die Briefe waren nur ein Beispiel und lassen sich durch jegliches Laster ersetzen – etwa den Vorsatz, nicht mehr zu rauchen oder abzunehmen, oder den Beschluss, kein Geld mehr für unsinnige Produkte auszugeben. Diese vermeintlichen Kleinigkeiten sind keineswegs einfach abzutun, zumal die Gedanken und Vorwürfe, die man sich deswegen macht, sehr hartnäckig und lästig sein können. Wer hieran etwas ändern will, muss in seine eigenen Gedanken eingreifen – und das fällt vielen schwer.

Die eigenen Gedanken ändern

Wer seine Gedanken ändern möchte, sollte bei den Erwartungen anfangen, die er an sich selbst hat, denn oft steht man sich damit selbst im Weg. Denkt man beispielsweise: »Erwachsene Menschen können sich beherrschen und tun, was sie sich vornehmen. Wer das nicht vermag, ist ein Versager«, und schenkt der inneren Stimme, die derlei von sich gibt, auch noch Glauben, dann wird das mit dem Spielen eher schwierig.

Der Stimme einfach den Mund zu verbieten führt allerdings nur selten zum Erfolg, vielmehr hilft es, wenn man sich eine zweite, andere innere Stimme vorstellt, die mit der ersten in Verhandlungen tritt, um die eigenen Gedanken zu modifizieren. Diese könnte dann sagen: »Erwachsene Menschen können ihre Ziele erreichen, aber der Erfolg geht immer auch mit ein paar Rückschlägen einher und ist ein langer Prozess«, oder: »Erwachsene Menschen geben nicht so leicht auf und probieren verschiedene Methoden aus, um ein Ziel zu erreichen.« Der Kern dieser Verhandlungsstrategie besteht darin, das Kind nicht mit dem Badewasser auszuschütten. Radikal andere Gedanken wie »Ob ein erwachsener Mensch sich nun beherrscht oder nicht, ist völlig egal« funktionieren ebenfalls nicht, daher sollte man stets nur leichte Veränderungen anstreben, die Raum schaffen, um Neues auszuprobieren. Dabei bedeutet es nicht gleich den Weltuntergang, wenn man etwas einmal nicht hinbekommt.

Spielräume fangen im eigenen Kopf an.

Dabei geht es übrigens nicht darum, für jede mögliche Aktivität sofort Spielräume zu schaffen. Wenn ich am Computer sitze, dann probiere ich gerne aus, wie der eine oder andere Befehl funktioniert. Arbeitet meine Frau am Computer, dann erwartet sie, dass das Gerät einfach nur tut, was sie will. Der Unterschied ist, dass es mir Spaß macht und ihr nicht. Ich spiele und werde daher im Lauf der Zeit immer besser mit dem Apparat umgehen können. Meine Frau dagegen bleibt auf ihrem Computer-Wissensstand, weshalb sie noch lange kein unglücklicherer Mensch sein muss. Sie spielt mit anderen Dingen. Wahrscheinlich sogar mit größerem Erfolg, denn es ist weitaus sinnvoller, sich in jenen Dingen weiterentwickeln zu wollen, an denen man Spaß oder für die man ein Talent hat, als in jenen, die einen langweilen oder in denen man sich eher schwertut.

Spielraum für mehr Bier

Die schönste Illustration all dieser Gedanken ist für mich ein Projekt, das wir vor einigen Jahren durchgeführen durften.

Der Ort der Handlung sind diesmal Pizzerien, Kneipen und andere gastronomische (oder weniger gastronomische) Orte in Griechenland. Der Hauptgegenstand unseres Interesses ist Bier. Denn das wird hier zwar äußerlich in viel verschiedenen Formen (sprich: Marken) angeboten, letztendlich aber handelt es sich mit großer Wahrscheinlichkeit um ein Produkt von Athenean Breweries, die mit überwältigendem Marktanteil und unter dem ständig wachsamen Auge der Kartellbehörden inzwischen fast ein Opfer des eigenen Erfolges zu drohen wird. Den Markt hat man sich selbst erobert, ohne faule Tricks oder Zukäufe, sondern durch die harte Arbeit von vor allem hartgesottenen, leidenschaftlichen Bier-Fans, die im Hauptberuf als Vertreter von Athenean Breweries durchs Leben gehen. Trotz des großen Konkurrenzdrucks konnten sie immer mehr Wirte von der Qualität der Produkte von Athenean Breweries überzeugen. Über viele Jahre hinweg ging es vor allem um Exklusivität. Angesichts des überwältigend hohen Marktanteils sieht die Kartellbehörde es jedoch gar nicht gern, wenn die Wirte keine andere Biermarke führen. Das verkraften manche Vertreter nur schwer.

Der Standardansatz

Alex Daniliidis, der Chef der kommerziellen Abteilung von Athenean Breweries, weiss, dass ein simples ›mehr‹ – mehr der gleichen Ideen, der gleichen Ansätze, des gleichen Denkens – nicht weiter hilft. Man brauche ein Umdenken, darf seinen Fokus nicht allein auf Exklusivität richten, sondern viel mehr auf die Steigerung des Bierkonsums im Allgemeinen. Die Konkurrenz sind nicht mehr nur die anderen Biermarken, sondern sämtliche Getränke, die Menschen auch anstelle eines Bieres trinken könnten.

Die Marketingabteilung hatte bereits untersucht, warum Menschen überhaupt Bier trinken, und wie man sie dazu bringen könnte, das noch häufiger zu tun. Ohne die ethischen Grenzen zu verlassen, versteht sich, es geht schließlich um Alkohol.

Die Planung war auch schon gemacht, für den Anfang der Saison wollte man alle Vertreter einladen zu einer großen Veranstaltung. In eindrucksvollen PowerPoint Präsentationen würde man erklären, dass es darum ginge, insgesamt mehr Bier zu verkaufen. Ein paar Leute vom Marketing, im Durchschnitt 20 Jahre jünger als ein gestandener Vertreter, und wahrscheinlich kaum in der Lage, den Unterschied zwischen einem Pils und einem Weizen zu erkennen, sollten dann den Vertretern erklären, wie man mehr Bier verkauft. Den Außendienstlern würde noch ein minutiöser Ablaufplan für jeden der Kundenbesuche mitgegeben werden, und gleichzeitig sollte noch »Performance Management« eingeführt werden, um zu messen, ob die Vertreter die Aufgabe bewältigen können und sich an alle Vorgaben halten.

Kurz vor dem anstehenden Termin wurde es Alex Daniliidis und seinem Team doch etwas mulmig zumute. Man stellte sich die Reaktion der Vertreter auf diesen Ansatz vor, und konnte vorhersagen, was passieren würde: Die Vertreter würden wahrscheinlich wie erwünscht nach außen hin Begeisterung vortäuschen. Sie würden die neuen Instrumenten strikt nach Vorschrift einsetzen, aber gleichzeitig jedes Schlupfloch nutzen, dass ihnen noch ein wenig der alten Freiheit bewahrte. Und der Bierkonsum würde vielleicht ein wenig wachsen, um dann höchstwahrscheinlich wieder zu stagnieren.

Handeln nach Vorschrift sorgt höchstens für Mittelmäßigkeit.

Dies ist wäre die Variante der Geschichte, wie sie sich in vielen Organisationen, in denen ich gerabeitet habe, in unzähligen Variationen wiederholt.

Der Alternativansatz

Es lief anders. Man benannte das mulmige Gefühl bei dem so logisch klingenden Ablaufplan in ein paar nachdenklichen Gesprächen im Direktionsteam. Und entschied sich dann zu spielen.

Wie wäre es, so das Team um Daniliidis, wenn wir ein paar der Vertreter einladen, die Lust auf etwas Neues haben. Die wissen, dass irgendwo der Wurm drin ist. Diesen zehn Leuten bieten wir einen Wettbewerb an: Wir definieren ihre Arbeit als Spiel. Wir schaffen einen buchstäblichen Spielraum, indem wir pro Vertreter einen Kunden nehmen, den wir aus dem Bonussystem herauslösen. Und mit diesen zehn Kunden, ob nun Tavernenbesitzer oder Kioskbetreiber, versuchen wir dann, den Trend zu brechen. Mehr Bier zu verkaufen.

Wir laden Vertreter ein, in dem geschaffenen Raum vor allem neue Dinge auszuprobieren. Experimente zu machen. Wir zeigen ihnen, was das Marketing sich gerade ausdenkt, und fragen, ob sie in den Vorschlägen fruchtbare Ideen erkennen. Nicht lang planen, ist das Motto, sondern viel ausprobieren. Und die Dinge, die nicht funktionieren, dann auch schnell wieder lassen.

Einmal pro Monat würde man sich mit den zehn Vertretern treffen. Austauschen, voneinander lernen. Und fragen, was noch nötig ist.

Und so geschah es. Mit erstaunlichem Resultat. Denn sämtliche Strategien, die die zehn Vertreter als erfolgreich ermittelten, wendeten sie sofort auf alle ihre Kunden an. Denn wenn die Strategie funktionierte, verkauften sie mehr Bier, und das hieß mehr Spaß und mehr Bonus. Von der Energie und dem Erfolg neugierig gemacht, folgten andere Vertreter, wollten mitmachen. Anstelle dass man diesen Vertretern dann die neu gefundenen Strategien vorschrieb, schaffte man auch für sie nach dem gleichen System einen Spielraum.

Im Endeffekt war die Stimmung im Unternehmen sehr viel besser als vorher, als es wegen des stagnierenden Bierkonsums in die Krise abzurutschen drohte. Die Kunden der Vertreter waren glücklicher, weil sie auf einmal mit sehr viel mehr Hingabe und Kreativität bedient wurden. Und der Bierkonsum wuchs nachhaltig.

Durch die Kraft des Spielraums.

Fazit:
Durch das Denken in Spielräumen kann man viel in Bewegung bringen. Die Kunst ist es, wie in Griechenland, sich sehr bewusst davon zu sein, wie diese Spielräume entstehen und was sie im Alltag einengt. Um dann, ganz klein, den Anfang zu machen, mit einem Raum mit begrenzten Konsequenzen, mit nur einem Kunden, wie bei den Vertretern.

Ein kleiner Eingriff mit großer Wirkung.

Kurz und prägnant

→ Spielräume sind der Schlüssel zu neuem Handeln. Nur wenn Menschen die Gelegenheit haben, mit neuen Gedanken und neuen Möglichkeiten zu experimentieren, werden sie es auch versuchen. Lediglich so kann Neues entstehen.

→ Spielräume sind Räume mit begrenzten Konsequenzen, die entweder physischer oder sozialer Natur sind. Spiel kann nur dann entstehen, wenn die Agierenden keine Angst vor eventuellen negativen Folgen haben.

→ In den meisten Arbeitskontexten geht es bei der Schaffung von Spielräumen um die Begrenzung der sozialen Konsequenzen – der abfälligen Kommentare, des Abstrafens, des möglichen Imageschadens.

→ Es gibt sechs Basisstrategien für die Begrenzung dieser sozialen Konsequenzen. Die wichtigste handelt vom Umgang mit den eigenen Ängsten.

→ Spielräume zu schaffen reicht manchmal aus, um eine ganze Organisation komplett zu verändern.

6 Spielregeln

Jedes Spiel braucht Regeln. Das schwingt schon mit in der doppelten Bedeutung des Wortes »Spielraum«, denn es impliziert einerseits Freiheit, Bewegungsmöglichkeiten, Weite und bleibt andererseits zugleich ein Raum – und der definiert sich nun mal durch seine Begrenzungen. Regeln können unter anderem jene Begrenzungen darstellen.

So ist ein Fußballspiel für die, die es mögen, unter anderem wegen der Unberechenbarkeit, wegen des Freiraums der Spieler und weil man zusehen kann, was sie mit dem Ball anstellen, so faszinierend – wegen der Gestaltungsfreiheit eben. Gleichzeitig ist Fußball nur möglich innerhalb der Begrenzungen – und damit der Regeln – dieses Spielraums. Gäbe es kein markiertes Spielfeld, egal ob dieses nun durch Seitenlinien oder durch Mauern oder Büsche begrenzt ist, wäre das Spiel bald nicht mehr zu überblicken. Wäre nicht definiert, dass jene Mannschaft gewinnt, die die meisten Tore erzielt und was ein Tor ist, wäre das Spiel ziellos, und die gesamte Spannung wäre weg.

Der unbegrenzte Spielraum sorgt eher für Schrecken, statt Dinge möglich zu machen.

Zu welchen Reaktionen unbegrenzter Spielraum führt, kann man hervorragend an kleinen Kindern beobachten. Zweijährige, die gerade laufen lernen, bewältigen ohne Probleme die vier Schritte vom Wohnzimmertisch zum Bein des Vaters. Wenn man sie jedoch vom Tisch in die andere Richtung und damit in die weite Welt blicken lässt und sie einlädt, vier Schritte zu gehen, werden sie nicht loslaufen. Der Raum ist unbegrenzt und damit zu groß.

Auch im Arbeitsumfeld ist der Umgang mit plötzlichem Spielraum oft erschreckend, wie das folgende Beispiel illustriert:

Der Verkehrsverbund einer größeren Region hatte sich eine Qualitätsverbesserung zum Ziel gesetzt. Jahrelang hatten die Verantwortlichen die Spielräume für die Mitarbeiter immer weiter eingeengt, weshalb sich immer weniger Busfahrer, Kundenberater und Kontrolleure für guten Service und einen reibungslosen Ablauf verantwortlich fühlten. Die Kunden beklagten sich zunehmend über schmutzige Busse, schlechte Informationen und unfreundliches Personal. Die Direktion hatte schon alles Mögliche ausprobiert, sogar einen Qualitätsmanager hatte man eingestellt, der sich neue Systeme und Maßnahmen zur Kontrolle und Sicherstellung der Dienstleistung überlegen sollte. Vor einiger Zeit hatte man eine neue Managementebene eingezogen, die darauf zu achten hatte, dass die Mitarbeiter das tun, was von ihnen verlangt wird. Die schlechten Erfahrungen mit den Mitarbeitern bestätigen die Befürchtungen der Unternehmensführung, denn so gut wie keiner zeigt das Engagement, das die Verantwortlichen erwarten.

Es war eine klassische Situation, der wir immer wieder begegnen, in der Henne und Ei, Ursache und Wirkung, irgendwann nicht mehr unterschieden werden können.

> Wenn Spielräume zunehmend eingeengt werden, führt das automatisch zu weniger Verantwortungsgefühl, und das wiederum führt zu einer weiteren Einengung der Spielräume. Oder umgekehrt: Ein Mangel an Verantwortungsgefühl führt dazu, dass Spielräume zunehmend eingeengt werden und so weiter.

Eines Tages beschließen eine Direktorin und ein Teammanager des Verkehrsverbundes, das Muster der fortwährenden Einengung und Entfremdung zu durchbrechen. Während das Unternehmen im Zuge der Effizienzsteigerungen der letzten Jahre seine Mitarbeiter immer flexibler für alle möglichen Standorte und Rollen eingesetzt hat, lösen die beiden nun einen Standort aus dem Gesamtsystem heraus. Unter den Mitarbeitern machen sie einige ausfindig, die für ungefähr zwei Drittel ihrer Zeit den Transportbetrieb von diesem Standort aus so gestalten wollen, als wäre es ihr eigener selbstständiger Betrieb. Dazu gehören auch ein eigener Wagenpark sowie eine eigene Gewinn-und-Verlust-Rechnung, allerdings ohne direkten finanziellen Bonus für die Beteiligten. Der einzige Anreiz ist die Gelegenheit, mehr Verantwortung zu übernehmen und mehr Gestaltungsspielraum zu bekommen.

Die ersten 20 Mitarbeiter sind schnell gefunden, und obwohl eigentlich 40 Leute für das Projekt nötig wären, entscheiden die beiden sich, einfach mal anzufangen, in der Hoffnung, mit den entstehenden Neuerungen andere Kollegen zum Mitmachen verführen zu können.

Der Kick-off ist ein voller Erfolg, die Direktorin und der Teammanager erklären, warum sie das Experiment so angehen wollen, und sprechen den Freiwilligen ihr uneingeschränktes Vertrauen aus. Sie haben sogar einen zwar kleinen, aber nicht unbeträchtlichen Betrag für Neuinvestitionen bereitstellen können. Eine der ersten Fragen an die Mitarbeiter beinhaltet daher auch die Einladung, über eine sinnvolle Verwendung dieser Mittel nachzudenken.

In dieser Phase coachte ich den Teammanager sehr intensiv, für den die Herausforderung vor allem darin bestand, aus dem alten hierarchischen Modell des Managens auszusteigen und stattdessen als Berater und Unterstützer des Freiwilligenteams zu agieren. Eines Tages rief er mich aufgeregt an, da ihm zu Ohren gekommen war, dass ihn die Projektgruppe um Erlaubnis bitten wollte, einen Teil der Mittel für die Einrichtung eines drahtlosen Computernetzwerks an den diversen Pausenplätzen für die Mitarbeiter zur Verfügung zu stellen, damit sie sich auch von dort zum Dienst melden und zwischendurch Informationen abrufen konnten. Völliger Unsinn, befand er, denn durch WLAN werde der Arbeitskomfort nur geringfügig erhöht, aber die Kosten stünden seiner Meinung nach in keinem Verhältnis zum Nutzen, und das eingeholte Angebot erschien ihm mit mehreren Zehntausend Euro unverhältnismäßig hoch.

Er müsse die Anfrage ablehnen, fand er. Allerdings hatte er dem Team zugesichert, sich nicht mehr in ihre Entscheidungen einzumischen. Eigentlich müsse er den Mund halten und das Team einfach machen lassen, so sagt er am Telefon, doch das falle ihm schwer. Erst als ich ihm vorschlage, sich vorzustellen, ein Kollege seiner Hierarchieebene trete mit dem gleichen Ansinnen an ihn heran, taut er auf. Würde er dann für den Kollegen entscheiden? – Natürlich nicht. Würde er dann verschweigen, was er von der Idee hält? – Natürlich nicht. Er würde vielmehr das Gespräch suchen und dem Kollegen seine Meinung sagen.

Genau das tat er am Ende. Als die Mitarbeiter ihre Bitte äußern, sagte er: »Lasst mich erst einmal klarstellen, dass ich das weder erlauben noch verbieten werde. Wir haben abgemacht, dass das jetzt euer Laden ist, und dazu gehört, dass ihr die Entscheidungen trefft. Wenn ihr aber meine Meinung wissen wollt, dann sagte ich euch, dass ich das nicht für eine gute Idee halte.« Dann führte er noch seine Argumente an.

»Du verbietest das WLAN also«, folgert einer der Mitarbeiter.

Er widersprach. »Nein, keinesfalls. Ich habe lediglich meine Meinung zu der Idee kundgetan. Ihr müsst selbst entscheiden, was ihr tut. Ich an eurer Stelle würde jedoch erst einmal eine Liste mit allen möglichen Investitionen erstellen und dann entscheiden, welche davon realisiert werden sollen.«

»Wir müssen also erst ein paar Alternativen aufschreiben, bevor wir das WLAN einrichten dürfen?«, hakte diesmal ein anderer Mitarbeiter nach.

»Nein, ihr müsst überhaupt nichts. Ich sage nur, dass ich es so machen würde«, erklärte der Teamleiter.

Die Mitarbeiter grillten den Manager geschlagene anderthalb Stunden und versuchten immer wieder, aus seinen Äußerungen eine Entscheidung herauszulesen.

Es war ein illustratives Beispiel dafür, wie der deutlich größere Spielraum als bisher erschreckt und verunsichert. Die Mitarbeiter wollten gar nicht glauben, was sie alles dürfen, und konnten mit all den Möglichkeiten erst einmal wenig anfangen.

Nach ihrem Gespräch mit dem Teamleiter beschlossen die Mitglieder der Projektgruppe nach gerade mal 15 Minuten, den WLAN-Anschluss nicht anzuschaffen. Sie wollten die Mittel lieber für Ausgaben einsetzen, die direkt dem Service am Kunden zugutekommen, entschieden sie.

Unbegrenzter Raum ist nicht nur erst einmal erschreckend, man braucht gewisse Eingrenzungen und Beschränkungen auch, um überhaupt aktiv und kreativ sein zu können. Die Mitarbeiter suchten nach den neuen Regeln, weil sie Orientierung bieten und Möglichkeiten öffnen, statt sie zu begrenzen.

Ideen entstehen nur da, wo es Rahmen gibt

Ohne Eingrenzung und damit ohne einen Rahmen entstehen keine neuen Ideen. Das ist leicht nachzuvollziehen:

Ein Grafiker bekommt an seinem ersten Arbeitstag in einer kleinen Agentur den Auftrag, einfach mal irgendetwas zu machen. Mit Sicherheit wird dabei nicht viel herauskommen, denn sein Spielraum ist eindeutig zu groß. Die natürliche Reaktion jedes Professionals ist dann, erst einmal auf die Suche zu gehen, sich zu orientieren. Dem Grafiker bleibt also nichts anderes übrig, als das Gespräch mit Kollegen zu suchen und ein Gefühl dafür zu bekommen, was überhaupt gebraucht wird. Er muss den unkonkreten Auftrag erst eingrenzen, eher er anfangen kann zu arbeiten. Ob man das nun Marktforschung nennt oder Verbindung mit dem Auftraggeber schaffen – es geht dabei um nichts anderes als die Eingrenzung des Spielraums, um die Ausrichtung des Fokus, damit etwas Sinnvolles entstehen kann. Gleichzeitig wird aber nur dann Neues entstehen, wenn der Grafiker sich nicht an alle Vorgaben hält, sondern auch ein paar der Regeln bricht.

> **Beschränkungen können auch eine Inspiration sein für Innovation.**

Wie ein gezielter Regelbruch zum Erfolg führen kann, zeigt das folgende Beispiel:

Ein Unternehmen will ein Führungskräfteentwicklungsprogramm auf die Beine stellen und engagiert uns, um es zu entwerfen und durchzuführen. Einerseits ist der Zeitdruck hoch, da die Verbesserung des Service seit Jahren ein Thema ist, ohne dass etwas passiert wäre. Die betroffenen Führungskräfte sollen dabei eine Schlüsselrolle einnehmen, weshalb man ihnen versprochen hat, das Programm so schnell wie möglich zu starten. Andererseits hat die Entscheidungsfindung enorm viel Zeit gekostet, und nun stehen bereits die Sommerferien vor der Tür. Im Juli und August gehe gar nichts, so heißt es, weil ein Großteil der Führungskräfte dann im Urlaub und damit nicht erreichbar sei. Mit einer Verschiebung des Starttermins in den September ist jedoch nichts gewonnen, weil dann alle möglichen anderen Termine anstehen und die Qualität durchs Nichtstun garantiert nicht besser wird.

Irgendwann kommt mir und meinen Kollegen die Idee, den Sommerurlaub nicht als Ausschlusskriterium, sondern als Chance zu betrachten. Wie wäre es, wenn wir ein Programm entwickelten, das teilweise auch aus der Ferne zu absolvieren wäre? Das so attraktiv ist, dass die Teilnehmer sogar in ihrer Freizeit daran teilnehmen wollen? Nicht, weil sie es müssen, sondern weil es Spaß macht und obendrein in den Urlaub eingebettet ist, zum Beispiel indem auch die Familien involviert werden. Ein Programm, bei dem die Teilnehmer nicht alle zur selben Zeit am selben Ort sein müssen, sondern bei dem jeder dann, wenn es ihm genehm ist, seinen Teil dazu beitragen kann.

Dieser Grundgedanke ist der Anstoß zu einem Prozess mit 220 Führungskräften, der damit beginnt, dass wir den Sommer feiern. Statt Seminarblöcke mit langatmigen Vorträgen präsentieren wir ihnen ein Hochglanzmagazin mit Artikeln über den Zusammenhang zwischen Führung und Service, Ratespielen für die ganze Familie, einem Test, mit

Beschränkungen
können auch eine
Inspiration
sein für

Innovation

dem sich der eigene Führungsstil ermitteln lässt und der über Telefon abrufbar ist. Es folgen weitere Aufträge zu denkwürdige Erfahrungen im Job, die per SMS aktiviert werden können, sowie Blind Dates, bei denen beide Beteiligten jeweils so viele Informationen über den anderen Teilnehmer bekommen, damit sie ihm genau die Fragen stellen können, die sie sich selbst schon immer mal fragen wollten.

Es funktioniert. Alle sind begeistert bei der Sache und schwärmen noch lange von der tollen, inspirierenden Aktion.

Der Leerlauf in den Sommerferien war noch im Mai eine unumstößliche Tatsache, um die niemand herumkam, da die Regeln des konventionellen Personalentwicklungsbetriebs sagten, dass in dieser Phase nichts mehr gehe. Der Regelbruch bestand in der Idee, gerade diese Auszeit für das Programm zu nutzen. So konnte auf einmal das einschränkende Element, nämlich die Ferien, zur Inspiration für ein völlig neuartiges – und effektives – Programm werden.

Innovationen brauchen Regelbrüche

Jeder echten Innovation geht ein Regel- oder Konventionenbruch voraus. Versteht man diese Notwendigkeit, wird schnell klar, warum Marktanalysen so oft zum Festhalten am Bekannten und damit zu Konservatismus führen und nicht zu Innovationen.

Henry Ford, dem Gründer des gleichnamigen Automobilkonzerns, wird das Bonmot zugeschrieben: »Hätte ich meine Kunden gefragt, was sie wollen, dann hätten sie ›ein schnelleres Pferd‹ geantwortet.« Nur wenn man sich traut, eine grundsätzlich andere Perspektive einzunehmen und die geltenden Konventionen infrage zu stellen, kommt wirklich Neues zustande.

> Es mutet paradox an, dass es einerseits ohne Regeln und Einschränkungen kein Spielen gibt, und dass andererseits das richtige Spielen oft erst dann anfängt, wenn man sich nicht mehr an die Regeln hält, sondern wenn man sie beugt und die Begrenzungen zu Möglichkeiten macht. Aus diesen Regelbrüchen des Spielens entsteht die Bewegung, die Innovation ausmacht. Darum gilt: ohne Spielen keine Innovation.

Die Einschätzung, wie lange Begrenzungen das Spiel noch fördern und wann sie anfangen einzuengen, ist im Grunde nicht schwierig, das weiss man meist intuitiv. Das Komplizierte besteht vielmehr darin, beim Spielen und Erneuern aus den festgefahrenen Regeln auszubrechen. Der Unterschied zwischen inspirierendem Spielraum und unproduktiver Einengung zeigt sich sehr schön am Beispiel eines Callcenters:

Ein Kunde ruft im Callcenter seines Stromanbieters an und merkt schon am ersten Satz des Mitarbeiters, der das Gespräch entgegennimmt, dass dieser wortwörtlich ein vorgegebenes Skript vom Computerbildschirm abliest. Seine Worte sind ausgewogen und höflich – trotzdem klingen sie hohl, als würde am anderen Ende kein Mensch sitzen, sondern eine Maschine. Manchmal beginnt die Einengung sogar schon beim Kunden, etwa wenn er sich zunächst durch ein sprachgesteuertes Auswahlmenü quälen muss.

Wie angenehm ist es dagegen, wenn der Kunde einen Menschen am Telefon hat, der ihm zuhört, der seine Worte offensichtlich selbst wählt und dann auch noch ohne viele Umwege das Problem löst, wegen dem der Kunde angerufen hat. Der Kunde merkt sofort und ohne Schwierigkeiten, dass der Spielraum für ihn selbst und den Mitarbeiter am anderen Ende der Leitung im ersten geschilderten Fall viel zu begrenzt ist.

Wie absurd solch ein Kundenkontaktzentrum organisiert sein kann, illustriert ein Streich der belgischen Komikertruppe Basta. Nach mehreren öffentlichen Skandalen rund um den Kundendienst eines mobilen Telekommunikationsanbieters beschloss die Gruppe, sich zu rächen. Einige der Mitglieder ließen sich in einen mobilen Container einschließen und diesen um fünf Uhr morgens quer vor der Parkplatzeinfahrt des Bürogebäudes der Firma aufstellen. Niemand konnte also mehr mit dem Auto ein- oder ausfahren. Auf dem Container stand in Großbuchstaben, dass es sich um ein mobiles Büro handle, darunter stand die Telefonnummer der Vermietungsfirma. Die Komiker saßen also da und warteten ab.

Es dauerte nicht lange, bis sich einige Mitarbeiter der Rezeption bei der – fiktiven – Vermietungsfirma meldeten und direkt bei den vier Komikern im Container landeten. Dann folgte eine eindrucksvolle Demonstration, wie ein Callcenter einen Menschen zur Verzweiflung bringen kann. Das fing an jenem Wintermorgen mit dem Auswahlmenü an, das selbstverständlich nicht die Frage abdeckte, die den Rezeptionisten gerade auf der Seele brannte. Es folgten diverse Weiterschaltungen zu angeblichen Kollegen, die mehrmals scheiterten, woraufhin die Rezeptionisten unzählige Male ihr Problem wiederholen mussten. Dabei fragten die Komiker sie jedes Mal nach ihrer Kundennummer, die sie nicht vorweisen konnten – und die man als Anrufer in einem Callcenter oft erst nach eingehendem Studium aller Unterlagen entdeckt.

Die Komiker blieben mit ihrem Bürocontainer bis 08.30 Uhr vor der Parkplatzeinfahrt stehen. Die ganze Zeit über glaubten die Mitarbeiter von der Rezeption, dass alles mit rechten Dingen zugehe – und das, obwohl sie ein paar Stunden später einen Anruf mit dem Angebot erhielten, sich als Geste der Entschuldigung für die entstandenen Umstände aus einem Auswahlmenü ein Geschenk aussuchen zu dürfen.

Wer sich für den fünfzehnminütigen Film interessiert, gebe bei einer beliebigen Suchmaschine einfach die Stichwörter »Basta« und »Mobistar« ein. Eine Frage, die sich in diesem Zusammenhang stellt, ist jene, ob es für die Mitarbeiter in den Callcentern auch so überdeutlich ist, dass ihr Spielraum gleich null ist. Vermutlich schon, unbewusst zumindest, jedenfalls lässt die hohe Fluktuation in diesen Unternehmen darauf schließen.

> Es ist beeindruckend, wie sehr Menschen Systeme akzeptieren, die nicht gut funktionieren, und wie lange sie das ganze Spiel mitmachen.

Vielleicht bietet das Gleichnis vom Frosch im kochenden Wasser eine Lösung dafür. Es besagt, dass ein Frosch, wenn man ihn urplötzlich in einen Topf mit heißem Wasser wirft, sofort wieder herausspringt. Setzt man ihn jedoch in einen Topf mit kaltem Wasser und erwärmt es dann langsam, wird der Frosch keinen lebensrettenden Sprung wagen, sondern im Wasser verharren – bis es für ihn zu spät ist.

Angewendet auf die Mitarbeiter eines Callcenters bedeutet das: Wenn einengende Regeln sukzessive eingeführt werden und alle sich langsam daran gewöhnen können, verhalten die Menschen sich wie der Frosch im kalten Wasser. Sie merken gar nicht, dass ihre Arbeitssituation immer unattraktiver wird. Wenn sie irgendwann endlich merken, dass es an der Zeit ist, die Regeln zu brechen, ist das oft gar nicht so einfach. Regeln vermitteln schließlich auch Sicherheit – und das gilt für die ungeschriebenen oft noch viel mehr als für die geschriebenen.

Das Brechen der ungeschriebenen Regeln lässt sich auch deuten als das Verlassen des Rollenskripts für eine bestimmte Situation, wie es auch Erving Goffman beschreibt. Derjenige, der sich über sie hinwegsetzt, muss allerdings mit skeptischen Reaktionen rechnen, und zwar egal um welche Regeln es geht.

> Immer, wenn jemand sich fürs Spielen entscheidet und dabei bestehende Regeln beugt oder bricht, gibt es irgendwo jemanden, der davon nicht begeistert sein wird.

Eine der eindrucksvollsten Erfahrungen auf diesem Gebiet machte ich einmal bei einem Gespräch mit einem Headhunter:

Ich wollte mich lediglich vorstellen, es geht um kein konkretes Stellenangebot. An der Rezeption begrüßt mich die freundliche Empfangsdame, führt mich in ein Büro und stellt mich der Rekrutierungsberaterin vor, die das Gespräch mit mir führen wird. Als wir uns an den Tisch setzen, bittet sie mich, auf einem anderen Stuhl Platz zu nehmen, und stellt mir dann ihr Unternehmen vor. Sie spult eine eingeübte Präsentation ab, Seite für Seite. Dabei macht sie kaum Pausen und schaut mich auch nicht oft an. Es steht außer Frage, dass ich jetzt erst einmal abwarten soll, bis sie die Präsentation abgearbeitet hat. Dann ist sie fertig und will wissen, ob ich noch Fragen hätte.

Gut, jetzt kommt mein Moment, denke ich und versuche eine möglichst intelligente Frage zu formulieren. Wenn sich nichts ändert, werde ich im Verlauf dieses Gesprächs vielleicht fünf Sätze äußern können, da soll natürlich jeder einzelne sitzen. Mir fällt nichts Klügeres ein als: »Ich bin sehr beeindruckt von Ihrem Unternehmen, der Breite Ihres Kundenkreises und dem, was Sie alles anbieten. Mich würden allerdings noch die eher ›weichen‹ Aspekte Ihrer Firma interessieren. Was sagen Ihre besten Kunden über Sie? Wofür sollte man am besten Sie beauftragen?«

Schweigen.

In dem Moment, als ich die Frage, die offensichtlich doch nicht so intelligent war, zurückziehen will, äußert sich die Beraterin.

»Eine interessante Frage«, sagt sie, »aber mich würde vor allem interessieren, was Sie darüber denken?«

Irritiert erwidere ich: »Natürlich kann ich mir Gedanken darüber machen, aber ich habe die Frage Ihnen gestellt, weil ich die Antwort nicht kenne und wirklich neugierig bin auf die Perspektive Ihrer Kunden.«

»Sie müssen verstehen, dass so natürlich ein Gespräch ein Geben und Nehmen ist, und da ich die ganze Zeit geredet habe, sind nun wirklich mal Sie dran.«

Mir verschlägt es die Sprache, und ich schüttele innerlich den Kopf. Da ich das Gespräch spätestens jetzt für total gescheitert halte, entsteht plötzlich der Freiraum, nichts verlieren zu können. Mein Ruf ist ohnehin ruiniert, jetzt werde ich ungeniert. Jedenfalls beschließe ich, die Situation einfach anders zu definieren und die gängigen Regeln etwas zu beugen. Ich will einfach so tun, als hätte das Unternehmen händeringend bei mir um dieses Gespräch nachgesucht. Es ist mein Vorstellungsgespräch, nicht ihres, denke ich mir, also werde ich es auch gestalten. Nicht ich werde mich hier beweisen, sondern ich werde der Beraterin Gelegenheit geben, sich und ihr Unternehmen zu beweisen. Der Beschluss ist im Bruchteil einer Sekunde gefällt; mal schauen, was passiert, denke ich.

Äußerlich hat sich dadurch nicht das Geringste geändert. Auch nehme ich mir weder vor, etwas Bestimmtes zu sagen, noch etwas zu verschweigen, sondern konzentriere mich voll und ganz auf meine neue Perspektive und versuche sie zu fühlen. Dann beantworte ich wie gewünscht ihre Frage, und sei es, um Zeit zu gewinnen. Danach schließe ich den Vorschlag an, die verbleibende Zeit zu nutzen und das Gespräch etwas zu strukturieren. Wir hätten sicherlich beide noch ein paar Fragen und sollten uns kurz abstimmen, wie wir das am besten hinbekämen. Ich kann beinahe hören, wie meine Gesprächspartnerin nach Luft schnappt, etwas stammelt und dann nicht anders kann, als sich auf meinen Vorschlag einzulassen. Der Rest des Gesprächs verläuft absolut ungewöhnlich und belegt, was alles passieren kann, sobald man es wagt, eingefahrene Muster zu verlassen.

Mein letzter Satz lautet: »Vielen Dank für das Gespräch, ich werde Sie innerhalb der nächsten Woche wissen lassen, wie ich mich entschieden habe.« Er ist der krönende Abschluss dieses Vorstellungsgesprächs der etwas anderen Art.

Nach einer Woche teilen die Firma und ich uns gegenseitig mit, dass wir uns nicht füreinander entschieden hätten.

Die Absage der Headhunterin schmerzt mich nicht, sondern verschafft mir im Nachhinein Genugtuung für all die vielen Gespräche, in denen ich die Geistesgegenwart oder den Mut, die Regeln zu beugen, nicht besessen habe.

Denken in kritischen Momenten

Wenn die zentralen Herausforderungen jeder Arbeitsorganisation letztendlich immer mit dem Handeln von Menschen verbunden sind, dann kommt man nicht um die Konventionen herum, die dieses Handeln lenken, wenn man eine Veränderung herbeiführen will. Je länger eine Fragestellung in einem Unternehmen bereits existiert, desto festgefahrener ist sie in den Handlungsmustern der verschiedenen Akteure. Aussagen wie »Ich komme da einfach nicht durch« oder »Niemand übernimmt hier wirklich Verantwortung« oder »Das haben wir schon zigmal erfolglos probiert« sind Anzeichen für solche festgefahrenen Muster. Oft haben die Beteiligten sich längst mit der Situation abgefunden, in anderen Fällen wird mit der Zeit die Dringlichkeit größer, endlich etwas zu verändern. Ähnlich wie bei Innovationen werden jene Lösungen, die nur die Verlängerung des bestehenden Denkens sind, also die »schnelleren Pferde«, um mit Henry Ford zu sprechen, nicht funktionieren. Wenn der Kundendienst nicht die gewünschte Zufriedenheit erreicht und die Firmenleitung die Mitarbeiter schon zu fünf Trainings geschickt hat, dann ist es nicht sehr wahrscheinlich, dass eine sechste Schulung den Turnaround bringen wird. Auch wer neue Qualitätsstandards eingeführt hat, ohne einen nennenswerten Effekt zu verzeichnen, wird selbst mit einem erneuten Hinweis darauf oder indem er die Einhaltung dieser Standards erzwingt, das Problem nicht lösen. Das klingt alles logisch und nachvollziehbar – umso erstaunlicher ist es, wie oft die Menschen in Unternehmen trotzdem an der Wiederholung ein und derselben Lösung festhalten.

> Wer den so bestehenden Handlungsmustern zu Leibe rücken will, der sollte versuchen, in konkreten Situationen zu denken. Im Fachjargon heißen diese Situationen critical incidents, also kritische Momente. Kritisch deshalb, weil sie unabdingbar sind für den weiteren Verlauf des Geschehens.

Mit dem Konzept der kritischen Situation, in der sich ein bestimmtes Muster äußert, aber in dem sich auch eine entscheidende Wendung vollziehen kann, wird selbst im Kino gespielt, zum Beispiel in dem Film *Sliding Doors*, in dem die Hauptdarstellerin im letzten Moment die U-Bahn nach Hause erreicht, nachdem sie gerade ihren Job verloren hat. Kurz darauf wird die Situation auf dem Bahnsteig noch einmal wiederholt, nur diesmal fährt ihr die U-Bahn vor der Nase weg, und sie entscheidet sich, zu Fuß nach Hause zu gehen. Der Moment der sich schließenden Türen ist der Scheidepunkt, und es entwickeln sich zwei grundverschiedene Geschichten mit völlig unterschiedlichem Ausgang aus diesem einen Moment.

Im echten Leben haben wir auf diese kritischen Momente deutlich mehr Einfluss, als dieser Film einen glauben machen könnte – sie sind die entscheidenden Augenblicke, in denen wir entweder weitermachen wie bisher oder endlich etwas Neues ausprobieren. Das Denken in kritischen Situationen ist eines der produktivsten Instrumente, um für sich selbst, in Teams oder in Organisationen Bewegung zu bringen und damit nachhaltige Veränderungen zu bewirken.

Der amerikanische Psychologe John C. Flanagan entwickelte die Methode der kritischen Situation im Zweiten Weltkrieg, als die Auswahl und Ausbildung der US-Piloten weitgehend aus diversen medizinischen Untersuchungen und einer Erklärung der Funktionsweise des Cockpits bestand. Mit dem Eingreifen der USA in den Zweiten Weltkrieg erhöhte sich der Bedarf an Piloten sprunghaft, daher mussten innerhalb kürzester Zeit zahlreiche Männer ausgewählt und ausgebildet werden. Flanagan fand damals heraus, dass die zielgerichtete Vorbereitung der Piloten auf ihre Aufgabe vor allem dann funktionierte, wenn man das Training auf bestimmte Praxismomente fokussierte. Er bezog sich damit auf die kritischen Situationen, also jene Momente, in denen es darauf ankam, wie der Pilot agierte und/oder reagierte. Der Psychologe revolutionierte das Ausbildungssystem – und kehrte es in das Gegenteil von dem um, wie hierzulande die Schule organisiert ist. Man könnte das hiesige Schulmodell ein angebotsorientiertes und das Denken in kritischen Situationen ein nachfrageorientiertes Modell nennen.

Piloten zum Beispiel sollen unter anderem lernen, ein Flugzeug sicher in der Luft zu halten. Im schulischen Modell wird dieses Lernziel in die Bestandteile der traditionellen Fächer geteilt – welchen Teil Mathematik braucht man zum Fliegen, welchen Teil Englisch, und so weiter. Diese Fächer werden dann getrennt unterrichtet und es ist oft ziemlich egal, mit welchem Berufsziel Schüler in den unterschiedlichen Fächern sitzen, Mathematik bleibt Mathematik. Das ist angebotsorientiert, weil die Schule ein Angebot hat an Lehrern, die bestimmte Fächer unterrichten, und weil sie dieses Angebot zum Ausgangspunkt nimmt. Für die Schüler stellt sich die Praxis jedoch anders da – die heisst nicht Mathematik, Englisch, Meteorologie, sondern zum Beispiel „Flugvorbereitung». So verwundert es nicht, dass viele Schüler den Schulunterricht nicht als besonders praxisorientiert empfinden.

> Wenn man in kritischen Situationen denken will, muss man in die Praxis einsteigen. Also: Was muss so ein Pilot eigentlich tun? Es geht hier nicht um abstrakte Konzepte, sondern darum, dass man die entscheidenden Momente versteht. In welchen Situationen unterscheidet sich der gute Pilot vom weniger guten? Und was genau sind die Anforderungen, damit er just dann gute Arbeit leisten kann?

Auf der Grundlage dieser Fragen kann man den Unterricht zusammenstellen, der dann ideal ist, wenn die Lehrer der verschiedenen Disziplinen den Lernenden gemeinsam und fachübergreifend auf eine bestimmte Situation vorbereiten. John Flanagans Erkenntnisse bilden heute übrigens die Grundlage für viele moderne Ausbildungsprogramme und werden auch in der Dienstleistungsforschung gerne benutzt.

In kritischen Momenten geht es nicht immer gleich um Leben oder Tod. Vielmehr kann man sich die Praxisorientierung und Effektivität dieses Denkens auch im ganz persönlichen Bereich zunutze machen, wenn man die eigenen festgefahrenen Muster durchbrechen, seine eigenen Regeln dehnen will. Wie, das zeigt das folgende Beispiel:

Eine Frau will abnehmen und beschließt, dabei den simpelsten Weg zu gehen: Sie will weniger und andere Lebensmittel essen. Sie hat sich das zum Jahreswechsel vorgenommen, sozusagen als guten Vorsatz zum neuen Jahr, der da lautet: »In den nächsten Monaten werde ich weniger essen!« Wie den meisten Menschen fällt es ihr jedoch sehr schwer, lange durchzuhalten.

Wenn die abnehmwillige Frau jedoch in kritischen Momenten denkt, erhöht sie ihre Chance erheblich, diesmal wirklich abzunehmen. Die Frage, die sie sich dann stellen muss, lautet: Was sind die entscheidenden Momente, in denen die Versuchung zu groß wird? In denen die Verlockung, etwas Süßes statt Obst zu essen, am stärksten ist? Vielleicht geht es um den Nachschlag beim Abendessen. Oder die süße Zwischenmahlzeit am Nachmittag. Was sind die Faktoren, die darauf Einfluss haben, ob ich einen Nachschlag nehme oder nicht?, fragt sie sich. In welchen Situationen fange ich an zu naschen, wann nicht? Und welche Maßnahme könnte ich ergreifen, um in den entscheidenden Momenten etwas anderes zu tun?

Damit kann man auch Spielen und experimentieren. An einem Abend stellt man ein Schild mit der Aufschrift »Kein Nachschlag« auf den Tisch, um sich an den Vorsatz zu erinnern. Am nächsten Abend probiert man es mit einem (Bikini)foto am Kühlschrank und so weiter. Wenn es beim ersten Mal nicht gleich klappt, verurteilt man sich nicht, sondern sagt sich, dass man wohl noch eine andere Strategie braucht.

> **Das Denken in kritischen Momenten gibt Fokus und macht einen Vorsatz erst richtig praktisch.**

Viele Menschen formulieren ihre Vorsätze in allzu abstrakten Worten. Man will zum Beispiel netter zu seinen Schwiegereltern sein, und nimmt sich das in diesen Worten vor. Das Vorhaben an sich ist sicherlich eine gute Sache, nur wie sieht das netter sein konkret aus? Wann genau will man was genau wie anders machen? Um wirklich nach diesem Vorhaben handeln zu können, muss es praktischer und situativer werden.

Gleiches gilt für die Arbeitswelt: In vielen Unternehmen werden Pläne, Handlungsvorgaben oder Feedback genau in dieser schwammigen Art formuliert. »Sie müssen einfach ein bisschen besser kommunizieren«, sagt der Chef zu seinem Mitarbeiter – ein gut gemeinter Tipp, aber weiß der Mann nun, was er anders machen soll?

Das Denken in kritischen Situationen wirkt so nicht nur auf ganz persönlicher Ebene, sondern auch als Grundlage für Auswahl- und Ausbildungsprogramme. Außerdem kann man, indem man spielerisch an kritische Situationen herangeht, ganze Unternehmensveränderungsprogramme gestalten. Im Kapitel über den ersten Spielfaktor erwähnte ich das Beispiel eines Finanzdienstleisters – so ging es weiter:

Die Topmanager des Unternehmens fanden eines Tages einen Brief und einen iPod nano auf ihrem Schreibtisch vor, der ihnen als Begleiter auf einer persönlichen Reise dienen sollte. Nach ein paar Wochen haben sie sich an den iPod gewöhnt. Sie haben viel nachgedacht über ihre Basis und über das, was ihnen wichtig ist. Natürlich auch darüber, was eigentlich der Sinn der Arbeit für sie ist, warum sie tun, was sie tun. Beim dritten wöchentlichen Upload, für den die Sekretärin jeweils sorgt, ertönt wieder die Stimme des Vorstandsvorsitzenden.

Er bittet die Manager, sich einmal darüber Gedanken zu machen, in welchen Situationen in ihrem Arbeitsalltag sie an der Realisierung dessen arbeiten würden, was ihnen wirklich wichtig ist. Wann komme es wirklich darauf an, was man tue? Wann bewirkten sie etwas? Sicherlich auf irgendeine Weise fast immer. Aber was sei mit den wirklich wichtigen Momenten? Es folgt die Bitte, einen Blick in den Terminkalender zu werfen. Welche Termine könnten es sein? Oder seien es Momente, die gar nicht im Kalender stehen?

Der Vorstandsvorsitzende bittet die Manager, den iPod umzudrehen. »Sehen Sie die Videokamera?«, ertönt die sonore Stimme weiter. »Ich möchte Sie bitten, sich selbst in ein oder zwei dieser für Sie – und wahrscheinlich auch für unsere Firma – wichtigen Situationen zu filmen. Dabei kommt es überhaupt nicht darauf an, dass Sie sich toll darstellen oder ob Sie selbst finden, dass Sie es noch besser machen könnten. Wichtig ist mir vielmehr, welche Momente Sie auswählen. Wir werden Sie übrigens bitten, wenn wir uns in ein paar Wochen wiedersehen, uns zwei oder drei Minuten von Ihren Aufnahmen zu zeigen. – Viel Erfolg.«

Die Reaktionen der Führungskräfte darauf waren sehr unterschiedlich. Manche fanden die Idee interessant, andere dachten, ihr oberster Chef sei nun völlig durchgedreht.

Irgendwann fing der Erste an, einen Film zu drehen. Als seine Kollegen das sahen, wollten sie natürlich nicht negativ auffallen und machten ebenfalls ein paar Aufnahmen und irgendwann war es so weit, dass bei dem Finanzdienstleister keine normale Sitzung mehr stattfand. Denn jedes Mal, wenn jemand bürokratisch wurde, wenn etwas passierte, das ein anderer als zur »alten Unternehmenskultur« gehörend fand, holte ein anderer seinen iPod aus der Jackentasche und sagte: »Ich nehme das mal eben schnell auf.« Es folgten Gelächter und eine entwaffnende Geste desjenigen, der sich ertappt fühlte. »Okay, wie sollen wir es dann machen?«, hieß es daraufhin.

Der iPod hatte bei den Managern des Finanzdienstleisters die Funktion bekommen, kritische Momente zu markieren. Das allein reichte, um die geltenden Regeln infrage zu stellen. Nichts war mehr selbstverständlich, stets wurde gemeinsam überlegt, wie man es auch ganz anders und damit besser machen könnte.

> **Durch das leichtfüßige Infragestellen der aktuellen Situationsdefinition kann eine neue entstehen – und damit völlig neue Muster. Kulturveränderung.**

Natürlich braucht man nicht zwingend einen iPod, um die Regeln des Handelns und bestehende Muster infrage zu stellen. Es reicht, wenn man sich bewusst macht, worum es einem wirklich geht.

Ein letztes Beispiel: In einem Unternehmen der Finanzbranche hat die Kundenzufriedenheit in den Jahren seit der Finanzkrise etwas gelitten. Jetzt geht es darum, dieses Problem mithilfe eines groß angelegten Projektes in den Griff zu bekommen und die Zufriedenheit der Kunden deutlich zu steigern.

In der ersten Projektsitzung geht es um die einzelnen Schritte, in die das Vorhaben unterteilt werden soll. Erst einmal wollen die Beteiligten definieren, was Kundenzufriedenheit ist, und überlegen, wie sich die Mitarbeiter zu verhalten hätten, dann sollen die neuen Firmenwerte festgelegt werden. Die Besprechung verläuft zäh, es wird viel diskutiert, die meisten sind sich unsicher, ob das alles so funktionieren wird. Abgesehen davon ist der Ansatz nicht gerade neu, dennoch traut sich keiner, das zur Sprache zu bringen.

Einer der Anwesenden malte sich aus, wie die Sitzung ein Jahr später verlaufen würde, wenn das Projekt, wie so viele davor, nicht adäquat verlaufen wäre und die Kundenzufriedenheit immer noch mittelmäßig wäre. Er sah deutlich vor sich, wie dann alle hauptsächlich damit beschäftigt wären, sich den Schwarzen Peter zuzuschieben und einen Schuldigen zu bestimmen.

Kurz entschlossen meldete er sich zu Wort und fragte, ob er noch einen Punkt zur Tagesordnung hinzufügen dürfe, nämlich die Festlegung des Schuldigen. Er erklärte sein Anliegen damit, dass die Suche nach dem Schuldigen, die zweifelsohne auch bei diesem Projekt irgendwann stattfinden würde, immer so lange dauere und zudem die Stimmung belaste. Wenn sich dagegen jetzt schon alle auf einen Schuldigen einigen würden, könnten sie sich später sehr viel Ärger und Zeit sparen.

Damit hatte er nicht nur die Lacher auf seiner Seite, sondern nebenbei auch noch recht elegant und spielerisch ein Verhaltensmuster entschärft. Denn nun entspann sich ein Gespräch darüber, was bei dem Projekt alles schiefgehen könnte und wie man dann miteinander umgehen wolle. Das Scheitern war auf einmal kein bedrohliches Szenario mehr, das man um jeden Preis vermeiden musste, sondern eine Option, die zwar keiner wollte, mit der man sich jedoch auseinandersetzen würde.

Als dann tatsächlich eine der eingeleiteten Maßnahmen zur Erhöhung der Kundenzufriedenheit scheiterte, machten die Beteiligten sich nicht auf die Suche nach dem Schuldigen, weil sie sich alle an die erste Projektsitzung erinnerten. Stattdessen konnte man viel konstruktiver an der Lösung der Probleme arbeiten.

Regeln beugen geht überall. Man muss nur damit anfangen wollen.

Kurz und prägnant

➜ Ohne Regeln geht das Spiel in keine Richtung. Wer spielt, braucht einen Rahmen, um auf neue Ideen zu kommen. Gleichzeitig gehen echte Innovationen immer auch mit dem Brechen oder Beugen dieser Regeln einher.

➜ Wer eine hohe Qualität erreichen will, der stellt Regeln auf und lädt andere ein, diese zu brechen.

➜ Am schwierigsten sind oft die ungeschriebenen Regeln zu beugen, die Konventionen und Muster, die einengen. Wer sie angreifen will, sollte in konkreten oder kritischen Situationen denken, in denen sich diese Regeln äußern. Darunter versteht man jene Momente, die den Verlauf einer Interaktion oder Episode weitestgehend beeinflussen.

➜ Die Erlaubnis, über die ungeschriebenen Regeln zu reden und zu spotten, reicht oft aus, um ungeahnte Durchbrüche zu erzielen.

Epilog

Im Grunde wird überall schon gespielt.

Als ich anfing, dieses Buch zu schreiben, bin ich neben aller Neugierde auch jedes Mal ein wenig erschrocken, wenn ich wieder ein neues Beispiel für die spielerische Herangehensweise an Probleme gefunden hatte. Es war die Angst, dass mir jemand mit der Entdeckung von diesem Neuem, das ich Spielen nenne, zuvorkommen könnte.

Bei den Recherchen für dieses Buch habe ich jedoch gelernt, dass ich mit dieser Befürchtung aus dem Zustand des Erschreckens nicht mehr herauskommen würde. Fakt ist: Es gibt Spielen schon überall, nur wird es nicht immer so genannt – und daher auch nicht immer erkannt.

Vor Kurzem saß ich in einer Besprechung, in der es um die Entwicklung des Web 1.0 zum Web 2.0 ging. Im Internet der ersten Generation (Web 1.0) ging es vor allem um die Verbreitung von Informationen oder den Verkauf von Produkten – das zeigen die vielen Firmendarstellungen und der florierende Versandhandel. Der größte Unterschied zum Internet der zweiten Generation (Web 2.0) ist der, dass die Nutzer immer mehr zu Koproduzenten werden. Wir befinden uns nicht mehr in der Einbahnstraße der Firmenpräsentationen – ein Unternehmen liefert die Inhalte, von denen die Besucher der Webseite dann profitieren –, sondern es findet eine Wechselbeziehung statt, in der die Webseite zur Plattform des Austauschs zwischen den Besuchern wird. Die Online-Enzyklopädie Wikipedia, die von einer diffusen Gemeinschaft von Nutzern produziert und unterhalten wird, ist hierfür ein gutes Beispiel.

Der Unterschied zwischen den zwei Entwicklungsstufen des Internets lässt sich in den folgenden Schlagwörtern zusammenfassen:

→ Vom Web 1.0 zum Web 2.0

→ Vom Strukturdenken zum Prozessdenken

→ Vom autonomen Handeln zum Networking

→ Von der Distribution und Interaktion zu Koproduktion und Kollaboration

→ Von der Steuerbarkeit zur Eigendynamik

→ Von inhaltlicher Konkretheit zu inhaltlicher Vagheit

→ Von Entweder-oder und eindeutiger Logik zu Sowohl-als-auch und vielschichtiger Logik

→ Von Kohärenz zu Kohäsion

Mein Dank geht an Prof. J. Bolten für diese Aufstellung.

Wenn man sich diese Liste einmal anschaut, ohne dass man dabei an das Internet denkt, dann braucht man nicht lange, um zu erkennen, dass sie im Grunde eine sehr breite gesellschaftliche Entwicklung dokumentiert. Von der ersten zur zweiten Moderne, so sagte es ein Gesprächsteilnehmer, als wir die Liste besprachen. Tatsächlich braucht man kein Soziologe zu sein, um in den Schlagwörtern Gegebenheiten aus dem Organisationsalltag des 21. Jahrhunderts wiederzuerkennen. Etwa wenn man an Freiberufler denkt, die nicht in festen Strukturen arbeiten wollen, sondern sich für jede Aufgabe neue Kollaborationszusammenhänge schaffen. Oder an die Beobachtung, dass man, je mehr Kreativität oder divergierendes Denken für die Lösung eines Problems nötig ist, diese Prozesse immer weniger auf herkömmliche Art steuern kann. Oder an das steigende Bedürfnis der Menschen, neue Formen der Zugehörigkeit, der Kohäsion zu finden.

Die rechte Seite der Liste, die das Web 2.0 beschreibt, beinhaltet außerdem alle möglichen Ideen und Konzepte, die in vielen Arbeitszusammenhängen noch nicht realisiert sind. Wenn man sich mit Organisationsfragen beschäftigt, könnte man daher erst einmal tief Luft holen angesichts des großen Bergs an neuen Ideen und Modellen, der da vor einem liegt. Und gleichzeitig können wir das alles schon. Denn die Organisationen und Firmen, in denen man wie in diesem Buch illustriert spielerisch arbeitet, setzen all diese 2.0-Prinzipien bereits um. Kollaboration, Kohäsion, Eigendynamik, Prozessdenken, Sowohl-als-auch – das sind alles Spielprinzipien. Kinder wenden sie automatisch an, auf ihrem Niveau versteht sich. Das ist höchstwahrscheinlich auch der Grund dafür, dass Jugendliche, die mit dem Web 2.0 aufwachsen, so problemlos in all diese neuen Formen des Sich-aufeinander-Beziehens einsteigen und damit umgehen.

Spielerische Organisationen sind 2.0-Organisationen. Organisationen der Zukunft

Natürlich gibt es nach wie vor auch noch viele 0.0-Organisationen. Das sind jene Orte, an denen die Idee noch nicht angekommen ist, dass Marktwirtschaft besser funktioniert als Planwirtschaft, und zwar auch innerhalb von Organisationen. Das Konzept, dass Menschen freiwillig und in Freiheit und dennoch in Verbindung mit anderen ihre eigenen Ideen umsetzen, führt zwangsläufig zu mehr Vielfalt und Produktivität als das Konzept der zentralen Kontrolle und Steuerung. Es ist erstaunlich, wie weit verbreitet der Glaube an Fünfjahrespläne noch ist, unter welchem Namen sie auch kursieren.

Auch für die Idee der spielerischen Perspektive und die Gedanken dieses Buches gilt: Es ist im Grunde alles schon da. Eigentlich wissen wir bereits, wie es geht, und vieles von dem, was ich hier geschrieben habe, ist bereits bekannt. Ein Buch wie dieses ist dann eigentlich ein Paradox. Warum Dinge aufschreiben, die alle nicht neu sind? – Weil es mir nicht in erster Linie um die Vermittlung von Wissen geht, sondern vielmehr um die Hoffnung, mit den geschilderten Erfahrungen, Gedanken und Beispielen Lust darauf zu machen, Dinge einfach auszuprobieren. Zu spielen.

Um auf das Beispiel vom Windsurfen vom Anfang dieses Buches zurückzukommen. Es ist ein wahres Beispiel – mein Vater hatte sich irgendwann zur allgemeinen Belustigung der Familie ein Buch über Windsurfen gekauft, weil er gerne damit anfangen wollte. Unsere Kommentare hielten ihn nicht vom Lesen ab. Und trotzdem glaube ich nicht, dass er auf dieses Weise viel mehr als ein paar Tipps und Tricks gelernt hat.

Aber er fing an, vom Windsurfen zu träumen. Als es wärmer wurde, stand er eines Tages tatsächlich auf dem Surfbrett. Weil auch er wußte, dass man nicht darum herumkommt, nass zu werden, wenn man surfen lernen will. Mein Vater wurde zwar kein begnadeter Windsurfer, aber wir alle hatten ein paar Sommer lang viel Spaß mit dem Brett.

Und um nichts anderes ging es.

Ich würde mir wünschen, dass dieses Buch auf genau diese Weise die Lust weckt, mehr zu spielen, während Sie eigentlich arbeiten.

Dank

Beim Schreiben dieses Buches ist mir klar geworden, wie wenig man eine Idee seine eigene nennen kann. »Meine Idee« gibt es kaum. Denn immer war da eine Inspiration von jemanden anderem, die der eigenen Idee voranging, und immer gab es Ergänzungen von anderen, die man in die eigenen Gedankengänge einbaute. Sämtliche Ideen dieses Buches sind meine – und vor allem die möglichen Ungereimtheiten sollten niemand anderem angelastet werden. Gleichzeitig hätte dieses Buch nicht entstehen können ohne meine Kollegen von Kessels & Smit, *The Learning Company*, und ohne die Kunden, mit denen wir Dinge ausprobieren durften, von denen wir alle noch nicht wussten, ob sie funktionieren würden.

Die meisten dieser Experimente sind in inspirierenden Treffen mit Pieterjan van Wijngaarden und Tjip de Jong entstanden. Das Spielprinzip, immer nach dem nächsten Experiment zu suchen, ist mit Pieterjan und Tjip lebendige Praxis geworden. Und kein produktiveres Improvisationstheater ist denkbar als unsere gemeinsamen Projektbesprechungen. Auch von vielen anderen Kollegen habe ich Unschätzbares gelernt, das direkt oder indirekt in dieses Buch eingeflossen ist. Robert van Noort ist seit Jahren mein enger Partner in aufregenden Veränderungsprozessen bei Kunden. Seine Gabe, Emotionen und Interessen von Menschen zu erkennen und produktiv zu machen, sucht seinesgleichen. Und sie übersetzt sich in zahlreiche große und kleine Einsichten, die sich in diesem Buch wiederfinden.

Paul Keursten hat nicht nur wertvolle Tipps zum Manuskript dieses Buches gegeben, sondern er ist auch Mitdenker und Vater vieler Perspektiven auf das Arbeiten, die in diesem Buch auftauchen. Saskia Tjepkema und Astrid Karsten haben immer wieder Raum gemacht für den Ansatz »Spielen«. Luk Dewulf hat ganz zu Anfang über dieses Buchprojekt mitgedacht. Suzanne Verdonschot, Marloes de Jong, Pepijn Pillen und Paul Bührs danke ich für die wertvolle Zusammenarbeit bei spielerischen Projekten, die wir anfangs für kaum durchführbar hielten.

Meine Kollegen Frauke Peter und Marcus Splitt sowie mein Freund Dirk Schauermann haben das Manuskript mitgelesen und ausgehalten, dass es einige Umwege nehmen musste, bevor es lesbar war.

Und schließlich hat Juul Hondius eine ganz eigene Interpretation der Themen dieses Buches mit seinen Fotos geliefert – ein völlig anderer Auftrag als die politischen und künstlerischen Fotografieprojekte, die er normalerweise international durchführt und ausstellt.

Abschließend sei noch meiner Lektorin Berrit Barlet gedankt – und nicht als Geringste. Für das Vertrauen in dieses Buchprojekt, für das Erkennen des Potentials dieses Themas, für das Mitdenken und die Geduld, aber auch für den Druck zur rechten Zeit – all die Zutaten, ohne die ein solcher Text nie fertig wird.

Literatur

Brown, Stuart/ Vaughhan, Christopher: *Play. How it shapes the brain, opens the imagination, and invigorates the soul.* Avery, 2009

Brown, Tim: *Change by Design. How design thinking transforms organizations and inspires innovation.* HarperBusiness, 2009

Burghardt, Gordon M.: *The Genesis of Animal Play. Testing the limits. A Bradford Book.* The MIT Press, 2006

Csikszentmihalyi, Mihaly: *Flow. The psychology of optimal experience.* Harper, 2008

Damasio, Antonio R.: *Descartes' Irrtum. Fühlen, Denken und das menschliche Hirn.* List Verlag, 2004

Geißlinger, Hans/ Raab, Stefan: *Strategische Inszenierung. Story Dealing für Marketing und Management.* Carl Auer Verlag, 2007

Goffman, Erving: *The Presentation of Self in Everyday Life.* Penguin Books, 1990

McGonigal, Jane: *Reality is Broken.* The Penguin Press, 2011

Marantz Henig, Robin: *Taking Play Seriously.* In: *The New York Times Magazine,* Feb 17, 2008

Huizinga, J.: *Homo Ludens.* Routledge Chapman & Hall, 2008

Lee, Fred: *If Disney ran your hospital. 9 ½ things you would do differently.* Second River Healthcare Press, 2004

Sutton-Smith, Brian: *The Ambiguity of Play.* Harvard University Press, 2001